地震行业科研专项（201108009）资助
中央级公益性科研院所基本科研业务专项（ZDJ2017-10）资助

非对称线弹性理论

Asymmetric linier elasticity

（第二版）

邱泽华　著

地震出版社

图书在版编目（CIP）数据

非对称线弹性理论/邱泽华著．—2版．—北京：地震出版社，2018.10

ISBN 978-7-5028-4975-7

Ⅰ.①非…　Ⅱ.①邱…　Ⅲ.①弹性理论　Ⅳ.①O343

中国版本图书馆CIP数据核字（2018）第186600号

地震版　XM4238

非对称线弹性理论（第二版）

邱泽华　著

责任编辑：张宝红　张怀素

责任校对：凌　樱

出版发行 **地 震 出 版 社**

北京市海淀区民族大学南路9号　　　　邮编：100081

发行部：68423031　68467993　　　传真：88421706

门市部：68467991　　　　　　　　传真：68467991

总编室：68462709　68423029　　　传真：68455221

专业部：68467982　68721991

http://www.dzpress.com.cn

经销：全国各地新华书店

印刷：北京地大彩印有限公司

版（印）次：2018年10月第一版　2018年10月第一次印刷

开本：787×1092　1/16

字数：233千字

印张：11.25

印数：0001~1000

书号：ISBN 978-7-5028-4975-7/O（5678）

定价：80.00元

序

邱泽华研究员所著《非对称线弹性理论》（第一版）于 2016 年 5 月出版，迄今已经两年。两年多来，非对称线弹性问题在国内逐渐引起相关专家学者的关注。在该书第二版行将付梓之际，我得到他发给我的电子版，并相邀作序。

自诺瓦基（W. Nowacki）专著《Theory of Asymmetric Elasticity（非对称弹性理论）》于 1986 年出版以来，转眼已有 30 余年。非对称弹性理论在地震学中、例如在旋转地震学中的可能应用在国内外理论地震学界一直备受关注。《非对称线弹性理论》一书与以"微极弹性理论"为代表的流行的非对称连续介质理论不同，它借助前人对各向同性二阶张量的研究成果，引入了 3 个参数的胡克定律，通过对传统弹性理论的对称性的剖析，系统、简明地说明了非对称线弹性理论的科学内涵。该书在诸多方面的论述都颇具启发性，例如运用非对称线弹性理论对横波旋转性质的阐述，以及对实验观测的"动弹性模量"与"静弹性模量"存在显著差异的理论解释，特别是对涉及地球模型密度结构的横波速度公式的修正，都相当自然、合理，自成一家之言，定将引起学界更加广泛的关注。

地震学是一门基于观测的物理学。邱泽华研究员长期从事钻孔应变观测研究。他和他的研究团队近年来进行的高频采样观测实验，证明了钻孔应变仪也可以用作地震仪观测地震波。正是在对应变地震波观测数据的分析过程中，邱泽华研究员注意到了传统理论无法解释旋转原因的缺陷，进而提出了非对称线弹性理论。非对称线弹性理论在钻孔应变观测研究中的成功应用，再一次提供了一个理论与观测结合的范例。

理论创新是不可能一蹴而就的。没有坚实、广博的知识根基，没有敏感、深刻的洞察力，没有心无旁骛、对真理锲而不舍、长期执着的追求，是不可能取得成功的。诚然，一个创新的理论在其成长过程中难免存在这样那样的问题。有鉴于此，《非对称线弹性理论》第二版对第一版作了全面的修订，增添了不少新的内容，使该书进一步得到完善，是一件十分令人高兴的事情。在此，谨对《非对称线弹性理论》（第二版）的出版表示热烈的祝贺！

2018 年 10 月 1 日

第二版前言

本书第一版出版后，很快就脱销了。这是本书需要出第二版的一个重要原因。

作者将该书赠与了很多相关领域的学者，并举行了一些小范围的讲座。令作者欣慰的是，至今并未发现该理论存在任何重要的逻辑缺陷。特别是作者的一些认真的学者同行，对该书给出了相当高的评价。

非对称线弹性理论是一个真正的基础理论创新。同时，因为其创新性，所以这个理论自提出以来便在不断地发展。特别是在与同行交流过程中，作者不断受到启发和鞭策，使这个理论逐渐丰富和完善。这是本书需要出第二版的另一个重要原因。

第二版增加的内容主要涉及变形协调条件、势函数、应变率主方向、特征值和特征函数，以及 S 波的偏振性。其中一些直接与非对称线弹性相关，另一些则是在研究该理论的过程中顺带的。例如有关 S 波偏振性的内容，很好地解释了 S 波的应变观测结果，将对地震学的震源机制问题研究产生深远影响。这些内容的增加，使本书的章节发生了比较大的变化。

作者对所有提供支持和帮助的人再次表示衷心的感谢！

第一版前言

本书提出了一个新理论，非对称线弹性理论，其内容基本上与传统线弹性理论不同。然而，整体说来，与其说这个新理论是对传统线弹性理论的否定，不如说是一个发展。

传统的对称线弹性理论可以完美地应用于静态问题研究。对于动态问题，就要应用非对称线弹性理论来研究。同时，非对称理论合理地包含了对称理论的内容。

传统线弹性理论基本框架的形成，已经至少有一百年的历史。这个基本框架主要包括应力的概念、应变的概念、本构关系（胡克定律）以及力学方程等几方面的内容。

在传统线弹性理论中，应力和应变都是对称张量，描述二者关系的胡克定律因而也是对称的。这从根本上决定了这个理论具有对称性的特点。

对称的应变张量，只是整个位移梯度张量的一部分；位移梯度张量的剩余部分，是反对称的旋转张量（也可表达为矢量）。这个非对称的旋转，早在传统理论用对称的应力和应变建立胡克定律和力学方程的时候，就已经被排除在外。传统的线弹性理论只涉及了一部分的位移，即与位移梯度的对称部分相关的位移，而不涉及与位移梯度的反对称部分相关的位移。同时，传统的线弹性理论认为应力张量必须对称。在传统理论的胡克定律中，对称的应力只与对称的应变相关，而与旋转无关。

旋转是客观存在的现象。但是，旋转只发生在动力学问题中，而与静力学问题无关。

旋转一直徘徊于传统线弹性理论之外。

这个情况早已受到一些学者的注意。2009 年，美国地震学会会刊（BSSA）特别出了专集（99，2B）讨论这个问题。以此为契机，有学者提出了"旋转地震学（rotational seismology）"的新名词。这里有两方面的情况：一方面，历史上由于技术手段的限制，对旋转的直接观测一直无法进行，而近年来已经有所突破，得到对旋转的直接观测结果（Lee，Igel et al.，2009）；另一方面，更具挑战意义的，是一些学者在理论上进行了新的探索（顾浩鼎和陈运泰，1997；Teisseyre，2011）。

例如，在传统理论中，根据胡克定律，对称的应变是由对称的应力产生的。但是，反对称的旋转又是如何产生的呢？这个问题在传统理论中是没有答案的。

1997 年，顾浩鼎和陈运泰将能量守恒定律应用于旋转，提出了"旋转矩"的概念和"旋转矩定律"来解决这个问题。近些年来，Teisseyre（2009；2011）提出了一套非对称理论，其中一个重要结果，是将"旋转矩"与非对称的应力联系起来，用与"旋转矩定律"类似的所谓 Shimbo law（Shimbo，1975；Teisseyre，2009）来解决旋转如何产生的问题。

但是，Teisseyre（2011）提出的非对称理论存在一个重要缺陷，就是错误地应用了只适用于对称应力和对称应变的运动方程（Teisseyre，2011，Eq.（5a））。

非对称线弹性理论对传统理论更严重的挑战，是对应力对称（哥西第二运动定律）的质疑。传统理论以应力对称为基本假设，但是在非对称理论中，应力可以不对称（Teisseyre，2009；2011）。早在 1909 年，E. Cosserat 和 F. Cosserat 兄弟就注意到，在哥西第二运动定律的转动积分方程中缺少了一个元素：自旋（E. Cosserat & F. Cosserat，1909）。他们通过引入自旋概念，建立了一个新的理论。大约 50 年之后，该理论受到一些人的关注，并被称为"微极弹性理论"（Toupin，1964；Truesdell & Noll，1965；Eringen，1966；1999；Cowin，1970；IeŞan，1981；Pujol，2009）。

但是，微极弹性理论不仅引入了自旋角动量，而且引入了"应力偶"和"体力矩"作为自旋的力源，隐含了面力和体力不能造成自旋的假定，就使该理论的实际应用受到限制。

由于存在旋转现象，有必要建立比传统的线弹性理论更具普遍性的、能够对旋转进行分析的理论。

本书提出的非对称线弹性理论的贡献主要包括：
- 系统地分析了传统理论的逻辑缺陷，即承认旋转的存在，却未将它纳入核心体系；
- 澄清了"剪应力互等（或应力对称）定律"只在静力学中成立，而在动力学中不成立；
- 以非对称应力和非对称应变为出发点，建立了非对称胡克定律；
- 建立了简明的非对称波动方程；
- 修正了 S 波速度公式；
- 修正了剪切模量的概念；
- 提出了计算旋转能量的公式；
- 进一步说明了应变与旋转的关系；
- 分析了 P 波和 S 波的应变性质；
- 提出了三维张量应变观测的理论模型。

重要的是，该理论的主要结论已得到观测的支持。这些支持来自对旋转的直接观测，来自岩石动、静弹性常数的实验，特别是来自采用最先进的四分量钻孔应变仪对地震波进行的应变观测。

非对称线弹性理论的作用和影响会逐渐显现出来。

本书的内容，有很大一部分来自作者的一系列相关论文。这些论文有的已经发表，有的尚待发表。因为是一整套复杂的理论，所以用专著的形式比用论文的形式发表，更加系统、全面。

本书可以分为两部分：第 1 章至第 7 章是第一部分，主要讨论非对称线弹性理论的基本概念和内容；第 8 章至第 12 章是第二部分，重点讨论应变观测方法、观测结果对理论的支持和理论的应用。

在非对称线弹性理论的形成过程中，池顺良先生研制的 YRY-4 型四元件钻孔应变仪的观测起了极其重要的作用。先是他提供姑咱实验观测数据，后是提供 YRY-4 型四元件钻孔应变仪在山西参加作者建议的实验观测，都是作者分析地震波的应变性质不可或缺的。作者关于非对称线弹性理论的核心部分的论证，曾经请加拿大地质勘探局的王克林教授审查，得到他的认真回复和鼓励，并使其中一些错误得以纠正。美国加州理工大学洛杉矶分校的尹安教授，也帮助邀请了国外专家审阅这个理论的核心部分，对该理论的完善特别有益。还有一些专家在审阅作者的投稿论文过程中提出了很多宝贵的意见。美国肯塔基大学的王振明教授和 Seth Carpenter 博士帮助对比分析了钻孔应变仪和传统位移地震仪的观测数据。本书提到的一些应变观测实验，得到山西省地震局宋乃波和甘肃省地震局高台地震台刘鸿斌的积极协作和帮助。作者的同事唐磊和郭燕平分担了大量日常工作，使作者得以集中精力完成本书的写作。作者在此一并表示衷心的感谢。

在本书提出的非对称线弹性理论的形成过程中，一些重要的相关实验得到地震行业科研专项（201108009）的资助。

作者真诚地希望得到读者对本书的批评和建议。

目　　录

第1章 传统线弹性理论的核心内容

本书提出的非对称线弹性理论自成一体，同时也是对传统的线弹性理论的修正和补充。要说明为什么作这种修正和补充，首先要对传统理论作一番简明的梳理。

线弹性理论所研究的线弹性变形，应该包括对称的应变和非对称的旋转。表面上，传统的线弹性理论不否认旋转的存在。但是，通过对一系列基本概念和基本方程的梳理，我们将看到，实际上，传统的线弹性理论以对称性为基本特征，不仅应变对称、应力对称，而且胡克定律对称、运动定律对称。在传统的线弹性波动理论中，对称的应力与反对称的旋转无关，该理论最终给出的波动方程不涉及旋转。

这里强调指出，旋转是反对称的。在逻辑上，不可能根据不包含旋转的理论推导出关于旋转传播的结论。我们没有研究某个现象就不能给出关于这个现象的科学判断。

1.1 对称的应力和应变

在传统线弹性理论中，应力张量通常被表示为

$$\sigma_{ij} = \begin{bmatrix} \sigma_{11} & \sigma_{12} & \sigma_{13} \\ \sigma_{12} & \sigma_{22} & \sigma_{23} \\ \sigma_{13} & \sigma_{23} & \sigma_{33} \end{bmatrix} \qquad (1-1)$$

因此，$\sigma_{ij} = \sigma_{ji}$（$i, j = 1, 2, 3$），即应力张量具有对称性。

在直角坐标系（x_1, x_2, x_3）下，我们用 $\boldsymbol{u} = (u_1, u_2, u_3)$ 表示一点沿（x_1, x_2, x_3）各方向的位移。在传统理论中，对于小变形的情况，应变张量被定义为

$$\varepsilon_{ij} \equiv \frac{1}{2}(u_{i, j} + u_{j, i}) \quad (i, j = 1, 2, 3) \qquad (1-2)$$

其中，

$$u_{i,j} = \begin{bmatrix} \dfrac{\partial u_1}{\partial x_1} & \dfrac{\partial u_1}{\partial x_2} & \dfrac{\partial u_1}{\partial x_3} \\[2mm] \dfrac{\partial u_2}{\partial x_1} & \dfrac{\partial u_2}{\partial x_2} & \dfrac{\partial u_2}{\partial x_3} \\[2mm] \dfrac{\partial u_3}{\partial x_1} & \dfrac{\partial u_3}{\partial x_2} & \dfrac{\partial u_3}{\partial x_3} \end{bmatrix} \qquad (1-3)$$

称为位移梯度张量。因此，$\varepsilon_{ij} = \varepsilon_{ji}$（$i$，$j = 1$，2，3），即应变张量具有对称性。

在传统线弹性理论中，位移梯度张量被分为应变和旋转两部分（图 1-1）：

$$\begin{aligned} u_{i,j} &= \frac{1}{2}(u_{i,j} + u_{j,i}) + \frac{1}{2}(u_{i,j} - u_{j,i}) \\ &= \varepsilon_{ij} - \omega_{ij} \end{aligned} \qquad (1-4)$$

传统的线弹性理论认为，对称应变 ε_{ij} 代表了介质的形变，而把旋转张量（rotation）

$$\omega_{ij} = \frac{1}{2}(u_{j,i} - u_{i,j}) \qquad (i,\ j = 1,\ 2,\ 3) \qquad (1-5)$$

看成"刚体的转动"（例如，Stein & Wysession，2003）。

旋转既可以用张量表示，也可以用矢量表示：

$$\begin{aligned} \boldsymbol{\omega} &= (\omega_1,\ \omega_2,\ \omega_3) \\ &= \frac{1}{2}\nabla \times \boldsymbol{u} = \frac{1}{2}\left(\frac{\partial u_3}{\partial x_2} - \frac{\partial u_2}{\partial x_3},\ \frac{\partial u_1}{\partial x_3} - \frac{\partial u_3}{\partial x_1},\ \frac{\partial u_2}{\partial x_1} - \frac{\partial u_1}{\partial x_2} \right) \end{aligned} \qquad (1-6)$$

我们有

$$\omega_{ij} = \begin{bmatrix} \omega_{11} & \omega_{12} & \omega_{13} \\ \omega_{21} & \omega_{22} & \omega_{23} \\ \omega_{31} & \omega_{32} & \omega_{33} \end{bmatrix} = \begin{bmatrix} 0 & \omega_3 & -\omega_2 \\ -\omega_3 & 0 & \omega_1 \\ \omega_2 & -\omega_1 & 0 \end{bmatrix} \qquad (1-7)$$

因为 $\omega_{ij}=-\omega_{ji}$（$i,\ j=1,\ 2,\ 3$），所以旋转具有反对称的性质。

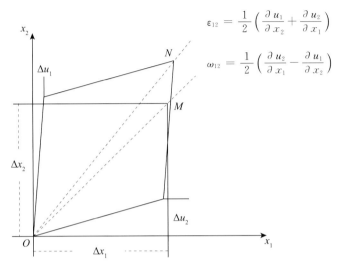

$$\varepsilon_{12}=\frac{1}{2}\left(\frac{\partial u_1}{\partial x_2}+\frac{\partial u_2}{\partial x_1}\right)$$

$$\omega_{12}=\frac{1}{2}\left(\frac{\partial u_2}{\partial x_1}-\frac{\partial u_1}{\partial x_2}\right)$$

图 1-1　在 x_1-x_2 平面内对称的应变和反对称的旋转示意

对称的应变表现为正方形变成菱形，反对称的旋转表现为对角线 *OM* 转动到 *ON*

1.2　对称的胡克定律

以对称的应力和应变为前提，在传统线弹性理论的教科书中，广义胡克定律可以写成

$$\begin{bmatrix}\sigma_{11}\\\sigma_{12}\\\sigma_{13}\\\sigma_{22}\\\sigma_{23}\\\sigma_{33}\end{bmatrix}=\begin{bmatrix}c_{11}&c_{12}&c_{13}&c_{14}&c_{15}&c_{16}\\c_{12}&c_{22}&c_{23}&c_{24}&c_{25}&c_{26}\\c_{13}&c_{23}&c_{33}&c_{34}&c_{35}&c_{36}\\c_{14}&c_{24}&c_{34}&c_{44}&c_{45}&c_{46}\\c_{15}&c_{25}&c_{35}&c_{45}&c_{55}&c_{56}\\c_{16}&c_{26}&c_{36}&c_{46}&c_{56}&c_{66}\end{bmatrix}\begin{bmatrix}\varepsilon_{11}\\\varepsilon_{12}\\\varepsilon_{13}\\\varepsilon_{22}\\\varepsilon_{23}\\\varepsilon_{33}\end{bmatrix}\qquad(1-8)$$

其中，参数矩阵 c_{ij}（$i,\ j=1,\ \cdots,\ 6$）是对称的，包含 21 个互相独立的参数。然后可以假设材料各向同性，经过推导，最终将独立参数减少到两个（例如，钱伟长和叶开沅，1956；Fung，1965；Malvern，1969；Aki & Richards，1980；Stein & Wysession，2003；详见附录）。

由此得到的传统线弹性理论的胡克定律（Hooke's Law）为

$$\sigma_{ij} = \lambda\theta\delta_{ij} + 2\mu\varepsilon_{ij} \quad (i, j = 1, 2, 3) \tag{1-9}$$

其中，

$$\begin{aligned}\theta &= \varepsilon_{11} + \varepsilon_{22} + \varepsilon_{33}\\ &= \frac{\partial u_1}{\partial x_1} + \frac{\partial u_2}{\partial x_2} + \frac{\partial u_3}{\partial x_3}\end{aligned} \tag{1-10}$$

是体应变，λ 和 μ 是两个拉梅系数（Lamé's constants），而 δ_{ij} 是克罗内克函数（Kronecker Delta）。

这里特别强调，式（1-9）不涉及 ω_{ij}，即 σ_{ij} 与 ω_{ij} 无关。

1.3　对称的平动方程

在传统波动理论中，当不考虑体力时，用对称应力张量表示的平动方程为

$$\begin{cases}\rho\dfrac{\partial^2 u_1}{\partial t^2} = \dfrac{\partial\sigma_{11}}{\partial x_1} + \dfrac{\partial\sigma_{12}}{\partial x_2} + \dfrac{\partial\sigma_{13}}{\partial x_3}\\[2mm]\rho\dfrac{\partial^2 u_2}{\partial t^2} = \dfrac{\partial\sigma_{12}}{\partial x_1} + \dfrac{\partial\sigma_{22}}{\partial x_2} + \dfrac{\partial\sigma_{23}}{\partial x_3}\\[2mm]\rho\dfrac{\partial^2 u_3}{\partial t^2} = \dfrac{\partial\sigma_{13}}{\partial x_1} + \dfrac{\partial\sigma_{23}}{\partial x_2} + \dfrac{\partial\sigma_{33}}{\partial x_3}\end{cases} \tag{1-11}$$

其中，t 表示时间，ρ 为介质的密度。利用式（1-9），可以得到用对称应变张量表示的平动方程

$$\begin{cases}\rho\dfrac{\partial^2 u_1}{\partial t^2} = \lambda\dfrac{\partial\theta}{\partial x_1} + 2\mu\left(\dfrac{\partial\varepsilon_{11}}{\partial x_1} + \dfrac{\partial\varepsilon_{12}}{\partial x_2} + \dfrac{\partial\varepsilon_{13}}{\partial x_3}\right)\\[2mm]\rho\dfrac{\partial^2 u_2}{\partial t^2} = \lambda\dfrac{\partial\theta}{\partial x_2} + 2\mu\left(\dfrac{\partial\varepsilon_{12}}{\partial x_1} + \dfrac{\partial\varepsilon_{22}}{\partial x_2} + \dfrac{\partial\varepsilon_{23}}{\partial x_3}\right)\\[2mm]\rho\dfrac{\partial^2 u_3}{\partial t^2} = \lambda\dfrac{\partial\theta}{\partial x_3} + 2\mu\left(\dfrac{\partial\varepsilon_{13}}{\partial x_1} + \dfrac{\partial\varepsilon_{23}}{\partial x_2} + \dfrac{\partial\varepsilon_{33}}{\partial x_3}\right)\end{cases} \tag{1-12}$$

再利用定义对称应变张量的式（1-2），引入相关的位移，进一步得到用位移表示的平动方程

$$\begin{cases} \rho \dfrac{\partial^2 u_1}{\partial t^2} = \lambda \dfrac{\partial \theta}{\partial x_1} + 2\mu \dfrac{\partial^2 u_1}{\partial x_1^2} + \mu \dfrac{\partial^2 u_1}{\partial x_2^2} + \mu \dfrac{\partial^2 u_2}{\partial x_1 \partial x_2} + \mu \dfrac{\partial^2 u_1}{\partial x_3^2} + \mu \dfrac{\partial^2 u_3}{\partial x_1 \partial x_3} \\[2mm] \rho \dfrac{\partial^2 u_2}{\partial t^2} = \lambda \dfrac{\partial \theta}{\partial x_2} + 2\mu \dfrac{\partial^2 u_2}{\partial x_2^2} + \mu \dfrac{\partial^2 u_2}{\partial x_1^2} + \mu \dfrac{\partial^2 u_1}{\partial x_1 \partial x_2} + \mu \dfrac{\partial^2 u_2}{\partial x_3^2} + \mu \dfrac{\partial^2 u_3}{\partial x_2 \partial x_3} \\[2mm] \rho \dfrac{\partial^2 u_3}{\partial t^2} = \lambda \dfrac{\partial \theta}{\partial x_3} + 2\mu \dfrac{\partial^2 u_3}{\partial x_3^2} + \mu \dfrac{\partial^2 u_3}{\partial x_1^2} + \mu \dfrac{\partial^2 u_1}{\partial x_1 \partial x_3} + \mu \dfrac{\partial^2 u_3}{\partial x_2^2} + \mu \dfrac{\partial^2 u_2}{\partial x_2 \partial x_3} \end{cases}$$

$$(1-13)$$

即

$$\begin{cases} \rho \dfrac{\partial^2 u_1}{\partial t^2} = (\lambda + \mu) \dfrac{\partial \theta}{\partial x_1} + \mu \nabla^2 u_1 \\[3mm] \rho \dfrac{\partial^2 u_2}{\partial t^2} = (\lambda + \mu) \dfrac{\partial \theta}{\partial x_2} + \mu \nabla^2 u_2 \\[3mm] \rho \dfrac{\partial^2 u_3}{\partial t^2} = (\lambda + \mu) \dfrac{\partial \theta}{\partial x_3} + \mu \nabla^2 u_3 \end{cases} \qquad (1-14)$$

或

$$\rho \frac{\partial^2 u_i}{\partial t^2} = (\lambda + \mu) \frac{\partial \theta}{\partial x_i} + \mu \nabla^2 u_i \quad (i = 1,\ 2,\ 3) \qquad (1-15)$$

其中，∇ 表示求梯度，$\nabla^2 = \dfrac{\partial^2}{\partial x_1^2} + \dfrac{\partial^2}{\partial x_2^2} + \dfrac{\partial^2}{\partial x_3^2}$ 是拉普拉斯算子（Laplacian）。对照式（1-4），我们可以清楚地看到，在用位移表示的波动方程（1-13）～（1-15）中，只引入了与对称应变相关的位移 $\dfrac{1}{2}(u_{i,j}+u_{j,i})$，而未引入与旋转相关的位移 $\dfrac{1}{2}(u_{i,j}-u_{j,i})$。

　　公式（1-11）～（1-15），都是传统线弹性理论给出的平动方程（例如，

Bullen，1963；Timoshenko & Goodier，1951；钱伟长和叶开沅，1956；Stein & Wysession，2003）。这里要强调的是，通过对称的胡克定律，只有对称的应变张量被引入了平动方程。

1.4　传统线弹性理论的体波速度公式

根据公式

$$\nabla^2 \boldsymbol{u} = \nabla(\nabla \cdot \boldsymbol{u}) - \nabla \times (\nabla \times \boldsymbol{u}) = \nabla\theta - 2\nabla \times \boldsymbol{\omega} \qquad (1-16)$$

式（1-15）还可以改写成

$$\rho \frac{\partial^2 \boldsymbol{u}}{\partial t^2} = (\lambda + 2\mu)\nabla^2 \boldsymbol{u} + 2(\lambda + \mu)\nabla \times \boldsymbol{\omega} \qquad (1-17)$$

前人（例如，Bullen，1963；钱伟长和叶开沅，1956）早已给出 P 波和 S 波的一般定义，即 P 波是无旋（irrotational）波，而 S 波是等体积（equivoluminal）波。我们将以此为依据进行讨论。

对于 P 波，因为没有旋转，$\nabla \times \boldsymbol{\omega} \equiv 0$，所以式（1-17）变为人们熟悉的标准形式的 P 波的波动方程

$$\frac{\partial^2 u_i}{\partial t^2} = \frac{\lambda + 2\mu}{\rho}\nabla^2 u_i \quad (i = 1, 2, 3) \qquad (1-18)$$

由此得到 P 波速度

$$\alpha = \sqrt{\frac{\lambda + 2\mu}{\rho}} \qquad (1-19)$$

对于 S 波，其特点是没有体积改变，即 $\frac{\partial\theta}{\partial x_i} \equiv 0$，因而由式（1-15）得到

$$\frac{\partial^2 u_i}{\partial t^2} = \frac{\mu}{\rho}\nabla^2 u_i \quad (i = 1, 2, 3) \qquad (1-20)$$

即为 S 波的波动方程。令

$$\beta = \sqrt{\frac{\mu}{\rho}} \qquad (1-21)$$

即为对称理论的 S 波的速度。

这里有一点需要注意。当不存在旋转（即 $\boldsymbol{\omega}=0$）时，根据式（1-16）有 $\nabla^2 u_i = \frac{\partial\theta}{\partial x_i}$，由此，式（1-15）将直接变为式（1-18），而式（1-20）以及式（1-21）将不复存在。这就是说，因为传统线弹性理论实际上没有将旋转引入其胡克定律和运动方程（即 $\boldsymbol{\omega}=0$），所以得到了一个虚假的 S 波速度公式。

1.5 传统理论的变形协调条件

一个真实的弹性变形场的位移一般是单值和光滑连续的。数学上，当位移存在所有 $n(>1)$ 阶偏微分、并且这些偏微分不随偏微分次序不同而不同时，即可保证位移是单值和光滑连续的。这种条件被称为变形协调条件，通常具体写成若干关于应变的偏微分方程，也称为变形协调方程。

在传统的对称线弹性理论中，因为对称应变由式（1-4）定义，即

$$\varepsilon_{ij} = \begin{bmatrix} \dfrac{\partial u_1}{\partial x_1} & \dfrac{1}{2}(\dfrac{\partial u_2}{\partial x_1}+\dfrac{\partial u_1}{\partial x_2}) & \dfrac{1}{2}(\dfrac{\partial u_3}{\partial x_1}+\dfrac{\partial u_1}{\partial x_3}) \\[3mm] \dfrac{1}{2}(\dfrac{\partial u_1}{\partial x_2}+\dfrac{\partial u_2}{\partial x_1}) & \dfrac{\partial u_2}{\partial x_2} & \dfrac{1}{2}(\dfrac{\partial u_3}{\partial x_2}+\dfrac{\partial u_2}{\partial x_3}) \\[3mm] \dfrac{1}{2}(\dfrac{\partial u_1}{\partial x_3}+\dfrac{\partial u_3}{\partial x_1}) & \dfrac{1}{2}(\dfrac{\partial u_2}{\partial x_3}+\dfrac{\partial u_3}{\partial x_2}) & \dfrac{\partial u_3}{\partial x_3} \end{bmatrix}$$

$$(1-22)$$

所以变形协调条件不能在应变 ε_{ij} 关于 x_i 的一阶导数（也就是位移的二阶导数）中建立，而要在应变 ε_{ij} 关于 x_i 的二阶导数（也就是位移的三阶导数）中建立。6 个应变分量共有 6 个偏微分方程，每个应变分量都对应一个偏微分方程（例如，钱伟长和叶开沅，1956）：

$$
\begin{cases}
\dfrac{\partial^2 \varepsilon_{11}}{\partial x_2 \partial x_3} = \dfrac{\partial}{\partial x_1}\left(-\dfrac{\partial \varepsilon_{23}}{\partial x_1} + \dfrac{\partial \varepsilon_{13}}{\partial x_2} + \dfrac{\partial \varepsilon_{12}}{\partial x_3} \right) \\[3mm]
\dfrac{\partial^2 \varepsilon_{22}}{\partial x_3 \partial x_1} = \dfrac{\partial}{\partial x_2}\left(\dfrac{\partial \varepsilon_{23}}{\partial x_1} - \dfrac{\partial \varepsilon_{13}}{\partial x_2} + \dfrac{\partial \varepsilon_{12}}{\partial x_3} \right) \\[3mm]
\dfrac{\partial^2 \varepsilon_{33}}{\partial x_1 \partial x_2} = \dfrac{\partial}{\partial x_3}\left(\dfrac{\partial \varepsilon_{23}}{\partial x_1} + \dfrac{\partial \varepsilon_{13}}{\partial x_2} - \dfrac{\partial \varepsilon_{12}}{\partial x_3} \right) \\[3mm]
\dfrac{\partial^2 \varepsilon_{12}}{\partial x_1 \partial x_2} = \dfrac{1}{2}\left(\dfrac{\partial^2 \varepsilon_{11}}{\partial x_2^2} + \dfrac{\partial^2 \varepsilon_{22}}{\partial x_1^2} \right) \\[3mm]
\dfrac{\partial^2 \varepsilon_{23}}{\partial x_2 \partial x_3} = \dfrac{1}{2}\left(\dfrac{\partial^2 \varepsilon_{22}}{\partial x_3^2} + \dfrac{\partial^2 \varepsilon_{33}}{\partial x_2^2} \right) \\[3mm]
\dfrac{\partial^2 \varepsilon_{13}}{\partial x_3 \partial x_1} = \dfrac{1}{2}\left(\dfrac{\partial^2 \varepsilon_{33}}{\partial x_1^2} + \dfrac{\partial^2 \varepsilon_{11}}{\partial x_3^2} \right)
\end{cases}
\tag{1-23}
$$

第2章 非对称线弹性理论的核心内容

在非对称线弹性理论中，因为应力和应变以及胡克定律都是非对称的，所以运动方程也是非对称的。

非对称线弹性理论研究的对象与传统的线弹性理论相同，都是理想的线弹性介质。与传统的对称理论相似，该理论没有用到有限变形等非线性概念。同时，该理论也不涉及微极弹性（micropolar elasticity）理论，仍然具有非常简明的形式。

本质上，运动方程不过是规定了相关物理量之间的函数关系。数学上，我们知道，函数关系的一个要素是定义域（值域），只能在函数的定义域（值域）范围内讨论相关物理量的变化。追根寻源，传统理论的对称性，包括对称应力、对称应变以及对称的胡克定律，决定了传统理论的运动方程中的位移的定义域是只与对称应变相关的位移，不含与非对称的旋转相关的位移。相比之下，非对称线弹性理论的运动方程，其定义域是所有位移，不仅包括对称应变的位移，而且包括反对称旋转的位移，因而适于研究旋转。

2.1 非对称的应力和应变

在非对称线弹性理论中，为区别于对称的应力张量 σ_{ij}，将非对称的应力张量（哥西应力张量）表示为

$$p_{ij} = \begin{bmatrix} p_{11} & p_{12} & p_{13} \\ p_{21} & p_{22} & p_{23} \\ p_{31} & p_{32} & p_{33} \end{bmatrix} \qquad (2-1)$$

请注意，$p_{ij} \neq p_{ji}$。

这里提出，在非对称线弹性理论中，非对称的应变张量表示为

$$q_{ij} = \begin{bmatrix} q_{11} & q_{12} & q_{13} \\ q_{21} & q_{22} & q_{23} \\ q_{31} & q_{32} & q_{33} \end{bmatrix}$$

$$\equiv u_{j,\,i} = \begin{bmatrix} \dfrac{\partial u_1}{\partial x_1} & \dfrac{\partial u_2}{\partial x_1} & \dfrac{\partial u_3}{\partial x_1} \\[2ex] \dfrac{\partial u_1}{\partial x_2} & \dfrac{\partial u_2}{\partial x_2} & \dfrac{\partial u_3}{\partial x_2} \\[2ex] \dfrac{\partial u_1}{\partial x_3} & \dfrac{\partial u_2}{\partial x_3} & \dfrac{\partial u_3}{\partial x_3} \end{bmatrix} \tag{2-2}$$

因此，$q_{ij} \neq q_{ji}$。

需要特别注意的是，这里的非对称应变张量与传统线弹性理论的所谓位移梯度张量式（1-3）不同，$q_{ij} = u_{j,i}$而非 $q_{ij} = u_{i,j}$。如图 2-1 所示，这样的定义才符合真实的应力-应变关系，也才能给出协调的运动方程。

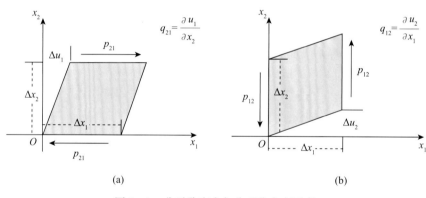

图 2-1　非对称应力与非对称应变示意

我们有

$$q_{ij} = \frac{1}{2}(u_{j,\,i} + u_{i,\,j}) + \frac{1}{2}(u_{j,\,i} - u_{i,\,j}) = \varepsilon_{ij} + \omega_{ij} \tag{2-3}$$

其中，ε_{ij}和ω_{ij}分别为对称的应变张量和反对称的旋转张量。当$\omega_{ij}=0$时，式（2-3）可以退化为式（1-2）。

由式（2-2）可见，非对称应变张量包含位移的所有一阶偏导数。因此，它包含所有小变形的信息。由式（2-3）可见，对称应变是非对称应变的一部分，另一部分是旋转。

另外，请对比式（1-4）和式（2-3），注意两式ω_{ij}前面的符号不同。在传统线弹性理论中，这个细节总是被忽略。

2.2　非对称的胡克定律

严格说来，由于事先已经假定了应力和应变具有对称性，传统线弹性理论给出的胡克定律式（1-8）是不完整的。非对称线弹性理论给出广义胡克定律的完整形式：

$$p_{ij} = c_{ijmn}q_{mn} \qquad (2-4)$$

即

$$
\begin{bmatrix} p_{11} \\ p_{12} \\ p_{13} \\ p_{21} \\ p_{22} \\ p_{23} \\ p_{31} \\ p_{32} \\ p_{33} \end{bmatrix} =
\begin{bmatrix}
c_{1111} & c_{1112} & c_{1113} & c_{1121} & c_{1122} & c_{1123} & c_{1131} & c_{1132} & c_{1133} \\
c_{1211} & c_{1212} & c_{1213} & c_{1221} & c_{1222} & c_{1223} & c_{1231} & c_{1232} & c_{1233} \\
c_{1311} & c_{1312} & c_{1313} & c_{1321} & c_{1322} & c_{1323} & c_{1331} & c_{1332} & c_{1333} \\
c_{2111} & c_{2112} & c_{2113} & c_{2121} & c_{2122} & c_{2123} & c_{2131} & c_{2132} & c_{2133} \\
c_{2211} & c_{2212} & c_{2213} & c_{2221} & c_{2222} & c_{2223} & c_{2231} & c_{2232} & c_{2233} \\
c_{2311} & c_{2312} & c_{2313} & c_{2321} & c_{2322} & c_{2323} & c_{2331} & c_{2332} & c_{2333} \\
c_{3111} & c_{3112} & c_{3113} & c_{3121} & c_{3122} & c_{3123} & c_{3131} & c_{3132} & c_{3133} \\
c_{3211} & c_{3212} & c_{3213} & c_{3221} & c_{3222} & c_{3223} & c_{3231} & c_{3232} & c_{3233} \\
c_{3311} & c_{3312} & c_{3313} & c_{3321} & c_{3322} & c_{3323} & c_{3331} & c_{3332} & c_{3333}
\end{bmatrix}
\begin{bmatrix} q_{11} \\ q_{12} \\ q_{13} \\ q_{21} \\ q_{22} \\ q_{23} \\ q_{31} \\ q_{32} \\ q_{33} \end{bmatrix}
$$

$$(2-5)$$

其中，参数矩阵 c_{ijmn} 构成一个完整的非对称四阶张量，包含 $9×9=81$ 个独立参数。

如前所述，传统的对称理论是先假设对称性，再假设各向同性，针对这样的情况得到其胡克定律。与此不同，非对称理论得到其胡克定律的过程是只假设各向同性，不考虑对称性。

早有学者（Aris，1962）证明了，当材料各向同性时，四阶张量只包含 3 个独立参数（详见附录），即有

$$p_{ij} = A\delta_{ij}q_{kk} + Bq_{ij} + Cq_{ji} \qquad (2-6)$$

或

$$p_{ij} = A\delta_{ij}q_{kk} + (B + C)\left(\frac{q_{ij} + q_{ji}}{2}\right) + (B - C)\left(\frac{q_{ij} - q_{ji}}{2}\right) \qquad (2-7)$$

$$= A\delta_{ij}q_{kk} + (B + C)\varepsilon_{ij} + (B - C)\omega_{ij}$$

其中，A、B 和 C 是 3 个独立参数。

Malvern（1969）曾经在式（2-7）的基础上对传统线弹性理论的胡克定律进行讨论，最终得到 $B=C$ 的结论。传统线弹性理论以应力对称为前提，意味着必须

$$p_{ij} - p_{ji} = (B - C)(q_{ij} - q_{ji}) = 0(i \neq j) \qquad (2-8)$$

因为传统线弹性理论没有假设 $q_{ij}-q_{ji}=2\omega_{ij}=0$，所以必须 $B=C$。于是独立参数由 3 个变成 2 个，才能由式（2-7）得到传统理论的对称胡克定律式（1-9），而 2 个拉梅系数

$$\begin{cases}\lambda = A \\ \mu = B = C\end{cases} \qquad (2-9)$$

由式（2-7）可见，$B=C$ 使应力与旋转无关，而只与对称应变有关。需要强调的是，虽然传统的对称理论没有假设旋转为 0，但是该理论的所有核心要素，包括应力的定义式（1-1）、应变的定义式（1-2）、运动方程（1-11），以及胡克定律式（1-9），都没有涉及旋转。也就是说，这种理论承认旋转的存在，却没有将它纳入其核心体系。

与传统的对称线弹性理论不同，非对称线弹性理论要摆脱 p_{ij} 同时与剪应变 q_{ij} 和 q_{ji} 同样相关的约束。根据式（2-6），这意味着 $B \neq C$。非对称理论需要采用有全部 3 个参数的胡克定律。尽量沿用传统的胡克定律的参数表达，非对称线弹性理论的胡克定律可以写为

$$p_{ij} = \lambda\delta_{ij}\theta + \mu_1 q_{ij} + \mu_2 q_{ji} \qquad (2-10)$$

或

$$p_{ij} = \lambda\delta_{ij}\theta + (\mu_1 + \mu_2)\varepsilon_{ij} + (\mu_1 - \mu_2)\omega_{ij} \qquad (2-11)$$

其中，

$$\begin{cases} \lambda = A \\ \mu_1 = B \\ \mu_2 = C \end{cases} \qquad (2-12)$$

仿照非对称应变张量的分解，非对称应力也可以分解成一个对称部分和一个反对称部分：

$$p_{ij} = \sigma_{ij} + \eta_{ij} \qquad (2-13)$$

其中，

$$\begin{aligned} \eta_{ij} &\equiv p_{ij} - \sigma_{ij} \\ &= p_{ij} - \frac{1}{2}(p_{ij} + p_{ji}) \\ &= \frac{1}{2}(p_{ij} - p_{ji}) \\ &= -\eta_{ji} \quad (i \neq j) \end{aligned} \qquad (2-14)$$

可以称为应力矩张量。利用式（2-11）和式（1-9），并注意 $\mu_1 + \mu_2 = 2\mu$，我们得到

$$\eta_{ij} = (\mu_1 - \mu_2)\omega_{ij} \quad (i \neq j) \qquad (2-15)$$

式（2-15）是关于旋转的胡克定律。它表明：旋转是由应力矩（共轭剪应力之差）产生的。因为 $\mu_1 \neq \mu_2$，所以当旋转存在时，就存在应力矩。

就像旋转，应力矩张量也可以表示为矢量

$$\boldsymbol{\eta} = (\eta_1, \eta_2, \eta_3) \qquad (2-16)$$

我们有

$$\eta_{ij} = \begin{bmatrix} \eta_{11} & \eta_{12} & \eta_{13} \\ \eta_{21} & \eta_{22} & \eta_{23} \\ \eta_{31} & \eta_{32} & \eta_{33} \end{bmatrix}$$

$$
= \begin{bmatrix} 0 & \eta_3 & -\eta_2 \\ -\eta_3 & 0 & \eta_1 \\ \eta_2 & -\eta_1 & 0 \end{bmatrix} \tag{2-17}
$$

应力矩是非对称张量。

2.3　非对称的平动方程

设想一个变形体，其体积为 V，表面积为 S。变形体受到两种力的作用：面力 $\boldsymbol{t} = (t_1,\ t_2,\ t_3)$ 和体力 $\boldsymbol{b} = (b_1,\ b_2,\ b_3)$。对于平动，根据动量定律，物体的动量改变率是面力和体力共同作用的结果；积分形式的平动方程为

$$
\frac{\mathrm{d}}{\mathrm{d}t} \int_V \rho v_i \mathrm{d}V = \int_S t_i \mathrm{d}S + \int_V \rho b_i \mathrm{d}V \tag{2-18}
$$

其中，速度 $v_i = \dfrac{\partial u_i}{\partial t}$，$b_i$ 是作用在单位质量上的体力。可以证明（例如，Malvern，1969）

$$
\frac{\mathrm{d}}{\mathrm{d}t} \int_V \rho v_i \mathrm{d}V = \int_V \rho \frac{\mathrm{d}v_i}{\mathrm{d}t} \mathrm{d}V \tag{2-19}
$$

同时，利用哥西应力公式

$$
t_i = p_{ji} l_j \tag{2-20}
$$

和散度定理

$$
\int_S t_i \mathrm{d}S = \int_V \frac{\partial p_{ji}}{\partial x_j} \mathrm{d}V \tag{2-21}
$$

式（2-18）变成

$$
\int_V \rho \frac{\partial^2 u_i}{\partial t^2} \mathrm{d}V = \int_V \left(\frac{\partial p_{ji}}{\partial x_j} + \rho b_i \right) \mathrm{d}V \tag{2-22}
$$

这里，l_i 为方向余弦矢量。考虑到 V 是任意的，就得到

$$\rho \frac{\partial^2 u_i}{\partial t^2} = \frac{\partial p_{ji}}{\partial x_j} + \rho b_i \qquad (2-23)$$

式（2 – 23）就是哥西第一运动定律。当不考虑体力时，式（2 – 23）变为

$$\rho \frac{\partial^2 u_i}{\partial t^2} = \frac{\partial p_{ji}}{\partial x_j} \qquad (2-24)$$

或

$$\begin{cases} \rho \dfrac{\partial^2 u_1}{\partial t^2} = \dfrac{\partial p_{11}}{\partial x_1} + \dfrac{\partial p_{21}}{\partial x_2} + \dfrac{\partial p_{31}}{\partial x_3} \\[3mm] \rho \dfrac{\partial^2 u_2}{\partial t^2} = \dfrac{\partial p_{12}}{\partial x_1} + \dfrac{\partial p_{22}}{\partial x_2} + \dfrac{\partial p_{32}}{\partial x_3} \\[3mm] \rho \dfrac{\partial^2 u_3}{\partial t^2} = \dfrac{\partial p_{13}}{\partial x_1} + \dfrac{\partial p_{23}}{\partial x_2} + \dfrac{\partial p_{33}}{\partial x_3} \end{cases} \qquad (2-25)$$

利用非对称的胡克定律式（2 – 10），可得到用非对称应变张量表示的平动方程

$$\begin{cases} \rho \dfrac{\partial^2 u_1}{\partial t^2} = \lambda \dfrac{\partial \theta}{\partial x_1} + \mu_1\left(\dfrac{\partial q_{11}}{\partial x_1} + \dfrac{\partial q_{21}}{\partial x_2} + \dfrac{\partial q_{31}}{\partial x_3}\right) + \mu_2\left(\dfrac{\partial q_{11}}{\partial x_1} + \dfrac{\partial q_{12}}{\partial x_2} + \dfrac{\partial q_{13}}{\partial x_3}\right) \\[3mm] \rho \dfrac{\partial^2 u_2}{\partial t^2} = \lambda \dfrac{\partial \theta}{\partial x_2} + \mu_1\left(\dfrac{\partial q_{12}}{\partial x_1} + \dfrac{\partial q_{22}}{\partial x_2} + \dfrac{\partial q_{32}}{\partial x_3}\right) + \mu_2\left(\dfrac{\partial q_{21}}{\partial x_1} + \dfrac{\partial q_{22}}{\partial x_2} + \dfrac{\partial q_{23}}{\partial x_3}\right) \\[3mm] \rho \dfrac{\partial^2 u_3}{\partial t^2} = \lambda \dfrac{\partial \theta}{\partial x_3} + \mu_1\left(\dfrac{\partial q_{13}}{\partial x_1} + \dfrac{\partial q_{23}}{\partial x_2} + \dfrac{\partial q_{33}}{\partial x_3}\right) + \mu_2\left(\dfrac{\partial q_{31}}{\partial x_1} + \dfrac{\partial q_{32}}{\partial x_2} + \dfrac{\partial q_{33}}{\partial x_3}\right) \end{cases}$$

$$(2-26)$$

在此基础上，再利用非对称应变张量的定义式（2 – 2），进一步得到用位移表示的平动方程

$$
\begin{cases}
\rho \dfrac{\partial^2 u_1}{\partial t^2} = \lambda \dfrac{\partial \theta}{\partial x_1} + \mu_1 \left(\dfrac{\partial^2 u_1}{\partial x_1^2} + \dfrac{\partial^2 u_1}{\partial x_2^2} + \dfrac{\partial^2 u_1}{\partial x_3^2} \right) \\
\qquad + \mu_2 \left(\dfrac{\partial^2 u_1}{\partial x_1 \partial x_1} + \dfrac{\partial^2 u_2}{\partial x_1 \partial x_2} + \dfrac{\partial^2 u_3}{\partial x_1 \partial x_3} \right) \\
\rho \dfrac{\partial^2 u_2}{\partial t^2} = \lambda \dfrac{\partial \theta}{\partial x_2} + \mu_1 \left(\dfrac{\partial^2 u_2}{\partial x_1^2} + \dfrac{\partial^2 u_2}{\partial x_2^2} + \dfrac{\partial^2 u_2}{\partial x_3^2} \right) \\
\qquad + \mu_2 \left(\dfrac{\partial^2 u_1}{\partial x_2 \partial x_1} + \dfrac{\partial^2 u_2}{\partial x_2 \partial x_2} + \dfrac{\partial^2 u_3}{\partial x_2 \partial x_3} \right) \\
\rho \dfrac{\partial^2 u_3}{\partial t^2} = \lambda \dfrac{\partial \theta}{\partial x_3} + \mu_1 \left(\dfrac{\partial^2 u_3}{\partial x_1^2} + \dfrac{\partial^2 u_3}{\partial x_2^2} + \dfrac{\partial^2 u_3}{\partial x_3^2} \right) \\
\qquad + \mu_2 \left(\dfrac{\partial^2 u_1}{\partial x_3 \partial x_1} + \dfrac{\partial^2 u_2}{\partial x_3 \partial x_2} + \dfrac{\partial^2 u_3}{\partial x_3 \partial x_3} \right)
\end{cases}
\tag{2-27}
$$

即

$$
\begin{cases}
\rho \dfrac{\partial^2 u_1}{\partial t^2} = (\lambda + \mu_2) \dfrac{\partial \theta}{\partial x_1} + \mu_1 \nabla^2 u_1 \\
\rho \dfrac{\partial^2 u_2}{\partial t^2} = (\lambda + \mu_2) \dfrac{\partial \theta}{\partial x_2} + \mu_1 \nabla^2 u_2 \\
\rho \dfrac{\partial^2 u_3}{\partial t^2} = (\lambda + \mu_2) \dfrac{\partial \theta}{\partial x_3} + \mu_1 \nabla^2 u_3
\end{cases}
\tag{2-28}
$$

或

$$
\rho \frac{\partial^2 u_i}{\partial t^2} = (\lambda + \mu_2) \frac{\partial \theta}{\partial x_i} + \mu_1 \nabla^2 u_i
\tag{2-29}
$$

我们要根据式（2-29）导出非对称理论的 P 波和 S 波的速度公式。利用式（1-16），可以将式（2-29）变为

$$
\rho \frac{\partial^2 \boldsymbol{u}}{\partial t^2} = (\lambda + \mu_1 + \mu_2) \nabla^2 \boldsymbol{u} + 2(\lambda + \mu_2) \nabla \times \boldsymbol{\omega}
\tag{2-30}
$$

2.4　非对称线弹性理论的体波速度公式

我们可以利用非对称线弹性理论的式（2-29）和式（2-30），讨论 P 波和 S 波两种情况。

对于 P 波，因为没有旋转，$\nabla \times \boldsymbol{\omega} \equiv 0$，所以式（2-30）变为

$$\frac{\partial^2 u_i}{\partial t^2} = \frac{\lambda + \mu_1 + \mu_2}{\rho} \nabla^2 u_i \qquad (2-31)$$

由此得到非对称线弹性理论的 P 波速度公式

$$\alpha = \sqrt{\frac{\lambda + \mu_1 + \mu_2}{\rho}} \qquad (2-32)$$

对于 S 波，其特点是没有体积改变，即 $\dfrac{\partial \theta}{\partial x_i} \equiv 0$，因此，由式（2-29）得到

$$\frac{\partial^2 u_i}{\partial t^2} = \frac{\mu_1}{\rho} \nabla^2 u_i \qquad (2-33)$$

S 波的速度公式为

$$\beta = \sqrt{\frac{\mu_1}{\rho}} \qquad (2-34)$$

请分别将式（2-32）和式（2-34）与式（1-19）和式（1-21）进行对比。

对式（2-31）应用 $\nabla \cdot$（求散度），可以得到

$$\frac{\partial^2 \theta}{\partial t^2} = \frac{\lambda + \mu_1 + \mu_2}{\rho} \nabla^2 \theta \qquad (2-35)$$

式（2-35）说明散度以 P 波速度传播。但是不能用式（2-35）定义 P 波，不然的话就会产生误导，好像 P 波只传播散度。应该用式（2-31）来定义 P 波，所有各种对称应变分量都能以 P 波速度传播。

类似地，对式（2-33）应用 $\nabla \times$（求旋度），可以得到

$$\frac{\partial^2 \omega_i}{\partial t^2} = \frac{\mu_1}{\rho} \nabla^2 \omega_i \tag{2-36}$$

式（2-36）说明旋转以S波速度传播。但是不能用式（2-36）定义S波，不然的话就会产生误导，好像S波只传播旋转。应该用式（2-33）来定义S波，所有各种应变分量都能以S波速度传播。

2.5　非对称理论的变形协调条件

在非对称理论中，从式（2-2）给出的位移-应变关系出发，可以用与传统理论同样的方法导出用应变表示的变形协调条件方程，然而只涉及 q_{ij} 关于 x_i 的一阶导数（也就是位移的二阶导数），例如

$$\begin{cases} \dfrac{\partial q_{11}}{\partial x_2}\left(=\dfrac{\partial^2 u_1}{\partial x_1 \partial x_2}\right) = \dfrac{\partial q_{21}}{\partial x_1}\left(=\dfrac{\partial^2 u_1}{\partial x_2 \partial x_1}\right) \\[3mm] \dfrac{\partial q_{21}}{\partial x_3}\left(=\dfrac{\partial^2 u_1}{\partial x_2 \partial x_3}\right) = \dfrac{\partial q_{31}}{\partial x_2}\left(=\dfrac{\partial^2 u_1}{\partial x_3 \partial x_2}\right) \\[3mm] \dfrac{\partial q_{31}}{\partial x_1}\left(=\dfrac{\partial^2 u_1}{\partial x_3 \partial x_1}\right) = \dfrac{\partial q_{11}}{\partial x_3}\left(=\dfrac{\partial^2 u_1}{\partial x_1 \partial x_3}\right) \end{cases} \tag{2-37}$$

在三维空间中，真实的非对称应变场存在9个变形协调条件方程：

$$\begin{cases} \dfrac{\partial q_{11}}{\partial x_2} = \dfrac{\partial q_{21}}{\partial x_1} & \dfrac{\partial q_{12}}{\partial x_2} = \dfrac{\partial q_{22}}{\partial x_1} & \dfrac{\partial q_{13}}{\partial x_2} = \dfrac{\partial q_{23}}{\partial x_1} \\[3mm] \dfrac{\partial q_{21}}{\partial x_3} = \dfrac{\partial q_{31}}{\partial x_2} & \dfrac{\partial q_{22}}{\partial x_3} = \dfrac{\partial q_{32}}{\partial x_2} & \dfrac{\partial q_{23}}{\partial x_3} = \dfrac{\partial q_{33}}{\partial x_2} \\[3mm] \dfrac{\partial q_{31}}{\partial x_1} = \dfrac{\partial q_{11}}{\partial x_3} & \dfrac{\partial q_{32}}{\partial x_1} = \dfrac{\partial q_{12}}{\partial x_3} & \dfrac{\partial q_{33}}{\partial x_1} = \dfrac{\partial q_{13}}{\partial x_3} \end{cases} \tag{2-38}$$

或

$$q_{ij,\,k} = q_{kj,\,i} \tag{2-39}$$

这里同样可以看成每个应变分量都对应一个偏微分方程。

第3章 势函数

势函数是地震学研究的重要理论工具。

根据海姆霍茨分解公式（Helmholtz Decomposition），当满足光滑连续和迅速衰减两个条件时，一个矢量场可以分为两部分：一个标量势的梯度场和一个矢量势的旋度场。对于弹性波场的位移矢量，即有

$$u = \nabla\phi(\boldsymbol{x}, t) + \nabla\times\psi(\boldsymbol{x}, t) \tag{3-1}$$

其中标量势函数 $\phi(\boldsymbol{x}, t)$ 的梯度场是无旋场，满足

$$\nabla\times(\nabla\phi) = 0 \tag{3-2}$$

而矢量势函数 $\boldsymbol{\psi}(\boldsymbol{x}, t)$ 的旋度场是无散场，满足

$$\nabla\cdot(\nabla\times\boldsymbol{\psi}) = 0 \tag{3-3}$$

在传统的对称理论中，可将平动方程式（1-15）改写为

$$
\begin{aligned}
\rho\frac{\partial^2\boldsymbol{u}}{\partial t^2} &= (\lambda+\mu)\nabla\theta + \mu\nabla^2\boldsymbol{u} \\
&= (\lambda+\mu)\nabla\theta + \mu(\nabla\theta - \nabla\times(\nabla\times\boldsymbol{u})) \\
&= (\lambda+2\mu)\nabla(\nabla\cdot\boldsymbol{u}) - \mu\nabla\times(\nabla\times\boldsymbol{u})
\end{aligned} \tag{3-4}
$$

其中用到式（1-16）。将式（3-1）代入式（3-4）得到

$$
\begin{aligned}
&\rho\frac{\partial^2}{\partial t^2}(\nabla\phi+\nabla\times\psi) \\
&= (\lambda+2\mu)\nabla(\nabla\cdot(\nabla\phi+\nabla\times\psi)) - \mu\nabla\times(\nabla\times(\nabla\phi+\nabla\times\psi)) \\
&= (\lambda+2\mu)\nabla(\nabla^2\phi) - \mu\nabla\times\nabla\times(\nabla\times\psi)
\end{aligned}
$$
$$\tag{3-5}$$

根据式（1-16）有

$$\nabla \times \nabla \times (\nabla \times \psi) = \nabla(\nabla \cdot (\nabla \times \psi)) - \nabla^2(\nabla \times \psi) = -\nabla^2(\nabla \times \psi) \qquad (3-6)$$

因此得到

$$\rho \frac{\partial^2}{\partial t^2}(\nabla \phi + \nabla \times \psi) = (\lambda + 2\mu)\nabla(\nabla^2 \phi) + \mu \nabla^2(\nabla \times \psi) \qquad (3-7)$$

式（3-7）可分解为标量势和矢量势两部分，分别放在等式两边：

$$\nabla\left[(\lambda + 2\mu)\nabla^2 \phi - \rho \frac{\partial^2 \phi}{\partial t^2}\right] = -\nabla \times \left(\mu \nabla^2 \psi - \rho \frac{\partial^2 \psi}{\partial t^2}\right) \qquad (3-8)$$

P 波与 S 波分别传播的观测事实表明，标量势 $\phi(\boldsymbol{x}, t)$ 与矢量势 $\psi(\boldsymbol{x}, t)$ 可以各自独立变化。因此，要使方程式（3-8）有解，只能

$$\begin{cases} \nabla\left[(\lambda + 2\mu)\nabla^2 \phi - \rho \dfrac{\partial^2 \phi}{\partial t^2}\right] = 0 \\ \nabla \times \left(\mu \nabla^2 \psi - \rho \dfrac{\partial^2 \psi}{\partial t^2}\right) = 0 \end{cases} \qquad (3-9)$$

即有

$$\begin{cases} (\lambda + 2\mu)\nabla^2 \phi - \rho \dfrac{\partial^2 \phi}{\partial t^2} = 0 \\ \mu \nabla^2 \psi - \rho \dfrac{\partial^2 \psi}{\partial t^2} = 0 \end{cases} \qquad (3-10)$$

式（3-10）给出传统理论中分别与 P 波和 S 波对应的两个波动方程。标量势函数 $\phi(\boldsymbol{x}, t)$ 的方程与 P 波对应，矢量势函数 $\psi(\boldsymbol{x}, t)$ 的方程与 S 波对应（例如，Stein & Wysession，2003）。

　　重要的是，如前所述，当不存在旋转时，是不可能有 S 波的。因此，在逻辑上，传统的对称线弹性理论应该只涉及标量势函数 $\phi(\boldsymbol{x}, t)$，而与矢量势函数 $\psi(\boldsymbol{x}, t)$ 无关。

　　与传统理论类似，在非对称线弹性理论中，将式（3－1）代入式（2-29）得到

$$\rho \frac{\partial^2}{\partial t^2}(\nabla \phi + \nabla \times \psi)$$

$$= (\lambda + \mu_1 + \mu_2)\nabla(\nabla \cdot (\nabla \phi + \nabla \times \psi)) - \mu_1 \nabla \times (\nabla \times (\nabla \phi + \nabla \times \psi))$$

$$= (\lambda + \mu_1 + \mu_2)\nabla(\nabla^2 \phi) - \mu_1 \nabla \times \nabla \times (\nabla \times \psi)$$

$$= (\lambda + \mu_1 + \mu_2)\nabla(\nabla^2 \phi) + \mu_1 \nabla^2(\nabla \times \psi)$$

$$(3-11)$$

将式（3－11）分解为标量势和矢量势两部分，分别放在等式两边得到：

$$\nabla \left[\rho \frac{\partial^2 \phi}{\partial t^2} - (\lambda + \mu_1 + \mu_2)\nabla^2 \phi \right] = -\nabla \times \left(\rho \frac{\partial^2 \psi}{\partial t^2} - \mu_1 \nabla^2 \psi \right) \quad (3-12)$$

要使方程式（3－12）有解，只能

$$\begin{cases} (\lambda + \mu_1 + \mu_2)\nabla^2 \phi - \rho \frac{\partial^2 \phi}{\partial t^2} = 0 \\ \\ \mu_1 \nabla^2 \psi - \rho \frac{\partial^2 \psi}{\partial t^2} = 0 \end{cases} \quad (3-13)$$

式（3－13）给出非对称线弹性理论分别与 P 波和 S 波对应的两个波动方程。由

$$\frac{\partial^2 \phi}{\partial t^2} = \frac{\lambda + \mu_1 + \mu_2}{\rho}\nabla^2 \phi \quad (3-14)$$

得到 P 波的速度公式（2－32）。由

$$\frac{\partial^2 \boldsymbol{\psi}}{\partial t^2} = \frac{\mu_1}{\rho}\nabla^2 \boldsymbol{\psi} \quad (3-15)$$

得到 S 波的速度公式（2－34）。

　　海姆霍茨分解公式是一个更一般的数学定理，它规定了体波只有 P 波和 S 波两种。没有同时有体积变化和旋度的波，也没有既无体积变化又无旋度的波。

第4章　从应力对称到应力非对称

哥西最初给出的应力张量是不对称的（例如，Malvern，1969）。传统线弹性理论之所以采用对称性的基本假设，是因为有对应力对称（即共轭剪应力相等）的证明。旋转的存在要求应力不对称，这意味着对应力对称的证明存在问题。我们需要重新考虑这些问题：应力对称的前提是什么？存在什么问题，需要如何解决？

弹性理论是以经典的力学定律为基础的。关于物体的运动有两个最重要的定律：关于平动的动量定律和关于转动的角动量定律。在传统线弹性理论中，波动方程是由关于平动的定律导出的（哥西第一运动定律），而应力对称（共轭剪应力相等），是由关于转动的定律导出的（哥西第二运动定律）。

连续介质的运动方程通常用微分方程给出。导出这个微分方程一般有两种方法：微元受力分析方法和积分方程分析方法。传统理论用角动量定律导出动态问题的应力对称结论，出现了一个奇怪的情况：这个结论从未用微元受力分析导出，总是用积分方程分析导出。

在传统线弹性理论中，与角动量定律关联的微元转动方程的缺失，是由于忽略了微元的自旋。早有学者指出，当存在自旋时，应力就不对称了（E. Cosserat & F. Cosserat，1909）。

在力学中，例如，对行星轨道问题的研究，物体（例如，地球）的总角动量是由两部分构成的：物体绕其轨道公转的角动量和物体自旋的角动量。引入微元自旋的概念，就能合理地建立微元的转动方程，使非对称线弹性理论完整地建立在经典力学定律的基础上。

4.1　微元力矩平衡

在传统线弹性理论的教科书中，一般都明确给出与动量定律关联的微元的平动方程，却往往不给出与角动量定律关联的微元的转动方程。一提到微元的转动，便将力矩平衡作为条件，得出共轭剪应力相等的结论（例如，Timoshenko & Goodier，1951；Bullen，1963；Fung，1965；Jaeger & Cook，1976；Stain & Wysession，2003）。

下面举例说明。在图 4-1 所示的微元坐标系 (x_1, x_2, x_3) 中，与微元绕 x_3 轴旋转（自旋）有关的应力分量只有 p_{12} 和 p_{21}。

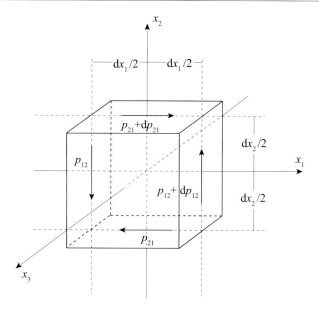

图 4-1　微元绕 x_3 轴旋转的力矩分析

当力矩平衡时，微元绕 x_3 轴旋转符合方程

$$p_{12}\mathrm{d}x_2\mathrm{d}x_3\frac{\mathrm{d}x_1}{2} + (p_{12} + \mathrm{d}p_{12})\mathrm{d}x_2\mathrm{d}x_3\frac{\mathrm{d}x_1}{2} - p_{21}\mathrm{d}x_3\mathrm{d}x_1\frac{\mathrm{d}x_2}{2}$$
$$- (p_{21} + \mathrm{d}p_{21})\mathrm{d}x_3\mathrm{d}x_1\frac{\mathrm{d}x_2}{2} = 0 \tag{4-1}$$

即

$$p_{12} + \frac{\mathrm{d}p_{12}}{2} - p_{21} - \frac{\mathrm{d}p_{21}}{2} = 0 \tag{4-2}$$

当 $\mathrm{d}x_i \to 0$ 时，所有的 $\mathrm{d}p_{ij} \to 0$，式（4-2）变为

$$p_{12} = p_{21} \tag{4-3}$$

式（4-3）即意味着共轭剪应力互等。

一般地，以平衡为前提导出的结论适用于解决静态问题，而不适用于研究动态现象。

4.2　传统线弹性理论的转动方程

以微元平衡为前提讨论应力的对称性是有明显缺陷的，受到很大的局限。这里特别强调，追根寻源，传统的弹性波动理论是用积分方程分析方法导出应力对称结论的（例如，Malvern，1969；Aki & Richards，1980）。因此，我们要认真分析与此相关的积分方程问题。

在传统线弹性理论中，积分形式的转动方程为

$$\frac{\mathrm{d}}{\mathrm{d}t}\int_V \boldsymbol{r} \times \rho\boldsymbol{v}\mathrm{d}V = \int_S \boldsymbol{r} \times \boldsymbol{t}\mathrm{d}S + \int_V \boldsymbol{r} \times \rho\boldsymbol{b}\mathrm{d}V \qquad (4-4)$$

其中，距离 $\boldsymbol{r}=\boldsymbol{x}-\boldsymbol{x}_0$，$\boldsymbol{x}_0$ 为物体转动所绕参考点的位置。引入置换符号 e_{ijk}，式（4-4）可以改写成

$$\frac{\mathrm{d}}{\mathrm{d}t}\int_V e_{ijk}x_j\rho v_k\mathrm{d}V = \int_S e_{ijk}x_j t_k\mathrm{d}S + \int_V e_{ijk}x_j\rho b_k\mathrm{d}V \qquad (4-5)$$

利用哥西应力公式和散度定理，式（4-5）变成

$$\int_V e_{ijk}\rho\left(v_j v_k + x_j\frac{\mathrm{d}v_k}{\mathrm{d}t}\right)\mathrm{d}V = \int_V e_{ijk}\frac{\partial\left(x_j p_{lk}\right)}{\partial x_l}\mathrm{d}V + \int_V e_{ijk}\rho x_j b_k\mathrm{d}V \qquad (4-6)$$

因为速度 v 关于 j 和 k 对称，所以 $e_{ijk}v_j v_k=0$，式（4-6）变成

$$\int_V e_{ijk}\rho x_j\frac{\mathrm{d}v_k}{\mathrm{d}t}\mathrm{d}V = \int_V e_{ijk}\left(x_j\frac{\partial p_{lk}}{\partial x_l} + \delta_{jl}p_{lk}\right)\mathrm{d}V + \int_V e_{ijk}\rho x_j b_k\mathrm{d}V \qquad (4-7)$$

即有

$$\int_V e_{ijk}x_j\left(\rho\frac{\mathrm{d}^2 v_k}{\mathrm{d}t^2} - \frac{\partial p_{lk}}{\partial x_l} - \rho b_k\right)\mathrm{d}V = \int_V e_{ijk}p_{jk}\mathrm{d}V \qquad (4-8)$$

根据哥西第一运动定律式（2-23），式（4-8）左边等于 0，从而右边

$$\int_V e_{ijk} p_{jk} \mathrm{d}V = 0 \tag{4-9}$$

因为体积 V 是任意的，所以可以由式（4-9）得到

$$e_{ijk} p_{jk} = 0 \tag{4-10}$$

根据置换符号的定义，式（4-10）可以展开成

$$
\begin{aligned}
i = 1, \quad p_{23} - p_{32} = 0 \\
i = 2, \quad p_{31} - p_{13} = 0 \\
i = 3, \quad p_{12} - p_{21} = 0
\end{aligned}
\tag{4-11}
$$

这就是哥西第二运动定律，它给出应力对称的结论。但是，这个推导没有考虑自旋。

4.3　微极弹性理论的转动方程

1909 年，E. Cosserat 和 F. Cosserat 兄弟通过引入自旋（spin）概念，建立了一个新的理论（E. Cosserat & F. Cosserat，1909）。在这个理论中，应力是不对称的。近些年来，这个理论受到很多人的关注，并被称为"微极弹性理论"（Toupin，1964；Truesdell & Noll，1965；Eringen，1966，1999；Cowin，1970；Ieşan，1981；Pujol，2009）。

微极弹性理论的积分方程是这样的：

$$\frac{\mathrm{d}}{\mathrm{d}t} \int_V (\boldsymbol{r} \times \rho \boldsymbol{v} + \rho \boldsymbol{s'}) \mathrm{d}V = \int_S (\boldsymbol{r} \times \boldsymbol{t} + \boldsymbol{m}) \mathrm{d}S + \int_V (\boldsymbol{r} \times \rho \boldsymbol{b} + \rho \boldsymbol{c}) \mathrm{d}V \tag{4-12}$$

其中，$\boldsymbol{s'}$ 是单位质量的自旋角动量，$\boldsymbol{m}$ 和 $\boldsymbol{c}$ 分别代表造成自旋的"应力偶"（stress couple）和"体力矩"（body torque）。参照前面一节的推导，可以得到这个理论的微分转动方程（例如，Malvern，1969）：

$$\frac{\partial M_{li}}{\partial x_l} + \rho c_i + e_{ijk} p_{jk} = \rho \frac{\partial s'_i}{\partial t} \tag{4-13}$$

其中，M_{li} 是由 $m_i = M_{li}l_l$ 定义的。

微极弹性理论不仅引入了自旋角动量 s'，而且引入了"应力偶"和"体力矩"来产生自旋，应该是隐含了面力 t 和体力 b 不能造成自旋的假设。这个假设与哥西第二运动定律一脉相承。但是我们看到，式（4 – 13）与微极弹性理论的初衷有偏离：其中不仅"应力偶" m 和"体力矩" c 产生自旋角动量的变化，$e_{ijk}p_{jk}$ 也有相同的作用。$e_{ijk}p_{jk}$ 能造成自旋，意味着作用在变形体上的面力 t 和体力 b 即可造成自旋。

4.4 微元受力分析

在一般的传统线弹性理论教科书中都有通过微元受力分析、根据动量定律导出平动方程的内容，却没有根据角动量定律导出转动方程的内容（只有力矩平衡的结果）。这里我们要建立微元的转动方程。

在分析微元所受力矩时，传统线弹性理论的教科书从未给出微元自旋角动量的表达式。其中隐含的事实是：预先假设了不存在微元自旋角动量。这是缺乏根据的。要讨论角动量定律，就要给出角动量的表达式。

在图 4 – 1 所示的局部坐标系 (x_1, x_2, x_3) 中，我们用 s_3 表示微元绕 x_3 轴旋转（自旋）的单位质量的角动量。与微元绕 x_3 轴旋转（自旋）有关的应力分量只有 p_{12} 和 p_{21}。根据角动量定律，微元绕 x_3 轴旋转符合方程

$$
\begin{aligned}
\rho \frac{\partial s_3}{\partial t} \mathrm{d}x_1 \mathrm{d}x_2 \mathrm{d}x_3 = {} & p_{12} \mathrm{d}x_2 \mathrm{d}x_3 \frac{\mathrm{d}x_1}{2} + (p_{12} + \mathrm{d}p_{12}) \mathrm{d}x_2 \mathrm{d}x_3 \frac{\mathrm{d}x_1}{2} \\
& - p_{21} \mathrm{d}x_3 \mathrm{d}x_1 \frac{\mathrm{d}x_2}{2} - (p_{21} + \mathrm{d}p_{21}) \mathrm{d}x_3 \mathrm{d}x_1 \frac{\mathrm{d}x_2}{2}
\end{aligned}
\tag{4 – 14}
$$

即

$$
\rho \frac{\partial s_3}{\partial t} = p_{12} + \frac{\mathrm{d}p_{12}}{2} - p_{21} - \frac{\mathrm{d}p_{21}}{2}
\tag{4 – 15}
$$

当 $\mathrm{d}x_i \to 0$ 时，所有的 $\mathrm{d}p_{ij} \to 0$，式（4 – 15）变为

$$
\rho \frac{\partial s_3}{\partial t} = p_{12} - p_{21}
\tag{4 – 16}
$$

式（4-16）即为微元绕 x_3 轴自旋的转动方程。这里，我们看到，共轭剪应力的差 $p_{12}-p_{21}$ 扮演着力矩的角色。

我们可以这样推理：既然存在旋转现象，那么必然存在应力的不对称，即共轭剪应力不相等；接下来，既然 $p_{ij}-p_{ji}\neq 0$，那么必然 $s_3\neq 0$，即微元自旋角动量不为 0。

4.5　积分方程分析

牛顿定律最初是以刚体和质点为对象建立的。为了利用牛顿定律，哥西运动定律推导过程的出发点是，将变形体看成质点的组合。

在数学上，质点是没有体积、没有表面积的；无论多少个质点组合在一起，也仍然没有体积、没有表面积。用积分形式讨论变形体的运动，需要把质点变成微元。在数学上，微元是有体积、有表面积的。微元与质点的一个关键区别是，前者可以承受剪应力，而后者不能。这也是变形体与质点组合的本质区别。它决定了微元自旋不同于微极理论的质点自旋 s'。

非对称线弹性理论不同于微极弹性理论，我们仅需引入物体微元的自旋角动量 s，而不要"应力偶"和"体力矩"，即有

$$\frac{\mathrm{d}}{\mathrm{d}t}\int_V (\boldsymbol{r}\times\rho\boldsymbol{v}+\rho\boldsymbol{s})\mathrm{d}V = \int_S \boldsymbol{r}\times\boldsymbol{t}\mathrm{d}S + \int_V \boldsymbol{r}\times\rho\boldsymbol{b}\mathrm{d}V \qquad (4-17)$$

对照前面的式（4-13），很容易得到

$$e_{ijk}p_{jk} = \rho\frac{\partial s_i}{\partial t} \qquad (4-18)$$

根据置换符号 e_{ijk} 的定义，式（4-18）可以展开成

$$i=1, \quad p_{23}-p_{32}=\rho\frac{\partial s_1}{\partial t}$$

$$i=2, \quad p_{31}-p_{13}=\rho\frac{\partial s_2}{\partial t} \qquad (4-19)$$

$$i=3, \quad p_{12}-p_{21}=\rho\frac{\partial s_3}{\partial t}$$

式（4-19）还可以用张量表示：

$$\eta_{ij} = \frac{1}{2}(p_{ij} - p_{ji}) = \frac{1}{2}\rho\frac{\partial s_{ij}}{\partial t}, \quad i \neq j \qquad (4-20)$$

其中，

$$s_{ij} = \begin{bmatrix} 0 & s_3 & -s_2 \\ -s_3 & 0 & s_1 \\ s_2 & -s_1 & 0 \end{bmatrix} = -s_{ij} \qquad (4-21)$$

式（4-20）即为非对称线弹性理论的转动方程。

4.6　微元自旋与旋转的关系

前面我们已经导出关于旋转的胡克定律，即式（2-15）。对比式（2-15）和转动方程（4-20），立刻得到微元自旋角动量 s_{ij} 与旋转 ω_{ij} 的关系：

$$\frac{1}{2}\rho\frac{\partial s_{ij}}{\partial t} = (\mu_1 - \mu_2)\omega_{ij} \qquad (4-22)$$

式（4-22）也可以写成矢量形式：

$$\rho\frac{\partial s_i}{\partial t} = 2(\mu_1 - \mu_2)\omega_i \qquad (4-23)$$

根据定义，角动量应该是转动惯量 I 与角速度 $\dfrac{\mathrm{d}\vartheta_i}{\mathrm{d}t}$ 的乘积：

$$s_i = I\frac{\mathrm{d}\vartheta_i}{\mathrm{d}t} \qquad (4-24)$$

我们可以定义微元自旋

$$\Omega_i = I\vartheta_i \qquad (4-25)$$

其中，ϑ 是微元自旋的角度。假设微元的转动惯量 I 不变，就有

$$s_i = \frac{\mathrm{d}\Omega_i}{\mathrm{d}t} \qquad (4-26)$$

当微元自旋角动量由式（4-26）给出时，式（4-23）就可以写成

$$\frac{\partial^2 \Omega_i}{\partial t^2} = \frac{2(\mu_1 - \mu_2)}{\rho}\omega_i \qquad (4-27)$$

　　微元自旋与旋转实际上是同一物理过程在不同方面的表现。没有微元自旋，就没有旋转；反过来也一样，没有旋转，就没有微元自旋。这种现象只发生在动态过程中。

　　动量定律和角动量定律要求微元有 6 个自由度。3 个微元自旋分量与 3 个位移分量并列，共同规定了微元的 6 个自由度。由此可知，微元自旋是一个基本物理量，其性质与质点自旋类似。但是，胡克定律将微元自旋与旋转联系起来，因此可以用旋转表示微元自旋。最终，如同对称线弹性变形，非对称线弹性变形也可以只用位移来描述。

　　传统线弹性理论认为，对于弹性体的微元，3 个转动自由度可以忽略，因而只考虑 3 个平动自由度，没有转动方程。实际上，否定了微元自旋，就否定了旋转。这只对应力对称的情况才合理。S 波的存在，说明应力是非对称的。非对称线弹性理论必须建立转动方程，才可能使非对称应力存在。因此，必须引入微元自旋的概念。这意味着微元的 3 个转动自由度是不能忽略的。不引入微元自旋的概念，就无法建立转动方程。

　　这里提出了微元自旋的概念，并在此基础上，通过对比微极弹性理论的相关方程，建立了微元的转动方程。但是，因为目前无法测量微元自旋，所以这个概念没有实用上的意义，只有理论上的价值：微元自旋概念的引入，使非对称线弹性理论得以完美地建立在经典力学定律的基础上。

第5章 非对称应变能

在传统线弹性理论中，因为不包含旋转，所以只有计算对称应变能的公式，而没有与旋转相关的能量公式。非对称线弹性理论给出了非对称的应变和应力以及非对称的胡克定律，因而可以给出与旋转相关的能量公式。

设想在面力和体力的共同作用下，线弹性体发生了微小的不均匀位移 $\boldsymbol{u}$。不考虑热能，根据能量守恒定律，该线弹性体的能量改变 U 等于面力 $\boldsymbol{t}$ 和体力 $\boldsymbol{b}$ 所做的功，即有

$$
\begin{aligned}
U &= \frac{1}{2}\int_S \boldsymbol{t}\cdot\boldsymbol{u}\mathrm{d}S + \frac{1}{2}\int_V \rho\boldsymbol{b}\cdot\boldsymbol{u}\mathrm{d}V \\
&= \frac{1}{2}\int_S t_i u_i \mathrm{d}S + \frac{1}{2}\int_V \rho b_i u_i \mathrm{d}V
\end{aligned}
\tag{5-1}
$$

这里需要注意，根据式（2-20），我们有

$$
\begin{cases}
t_1 = p_{11}l_1 + p_{21}l_2 + p_{31}l_3 \\
t_2 = p_{12}l_1 + p_{22}l_2 + p_{32}l_3 \\
t_3 = p_{13}l_1 + p_{23}l_2 + p_{33}l_3
\end{cases}
\tag{5-2}
$$

而不是

$$
\begin{cases}
t_1 = \sigma_{11}l_1 + \sigma_{12}l_2 + \sigma_{13}l_3 \\
t_2 = \sigma_{12}l_1 + \sigma_{22}l_2 + \sigma_{23}l_3 \\
t_3 = \sigma_{13}l_1 + \sigma_{23}l_2 + \sigma_{33}l_3
\end{cases}
\tag{5-3}
$$

当忽略体力时，

$$
U = \frac{1}{2}\int_S t_i u_i \mathrm{d}S = \frac{1}{2}\int_S p_{ji}l_j u_i \mathrm{d}S
$$

$$
\begin{aligned}
&= \frac{1}{2}\int_S \big[\,(p_{11}l_1 + p_{21}l_2 + p_{31}l_3)\,u_1 + (p_{12}l_1 + p_{22}l_2 + p_{32}l_3)\,u_2 \\
&\qquad + (p_{13}l_1 + p_{23}l_2 + p_{33}l_3)\,u_3\,\big]\mathrm{d}S \\
&= \frac{1}{2}\int_S \big[\,(p_{11}u_1 + p_{12}u_2 + p_{13}u_3)\,l_1 + (p_{21}u_1 + p_{22}u_2 + p_{23}u_3)\,l_2 \\
&\qquad + (p_{31}u_1 + p_{32}u_2 + p_{33}u_3)\,l_3\,\big]\mathrm{d}S
\end{aligned}
\tag{5-4}
$$

根据散度定理，式（5-4）可改写为

$$
\begin{aligned}
U &= \frac{1}{2}\int_S t_i u_i \,\mathrm{d}S \\
&= \frac{1}{2}\int_V \frac{\partial\,(p_{ji}u_i)}{\partial x_j}\,\mathrm{d}V \\
&= \frac{1}{2}\int_V \left(\frac{\partial p_{ji}}{\partial x_j}u_i + p_{ji}\frac{\partial u_i}{\partial x_j}\right)\mathrm{d}V \\
&= \frac{1}{2}\int_V (p_{ji,\,j}u_i + p_{ji}q_{ji})\,\mathrm{d}V
\end{aligned}
\tag{5-5}
$$

即

$$
\begin{aligned}
U &= \frac{1}{2}\iint_V \left[\frac{\partial\,(p_{11}u_1 + p_{12}u_2 + p_{13}u_3)}{\partial x_1} + \frac{\partial\,(p_{21}u_1 + p_{22}u_2 + p_{23}u_3)}{\partial x_2}\right. \\
&\qquad \left. + \frac{\partial\,(p_{31}u_1 + p_{32}u_2 + p_{33}u_3)}{\partial x_3}\right]\mathrm{d}V \\
&= \frac{1}{2}\iint_V \left[\left(\frac{\partial p_{11}}{\partial x_1} + \frac{\partial p_{21}}{\partial x_2} + \frac{\partial p_{31}}{\partial x_3}\right)u_1 + \left(\frac{\partial p_{12}}{\partial x_1} + \frac{\partial p_{22}}{\partial x_2} + \frac{\partial p_{32}}{\partial x_3}\right)u_2\right. \\
&\qquad \left. + \left(\frac{\partial p_{13}}{\partial x_1} + \frac{\partial p_{23}}{\partial x_2} + \frac{\partial p_{33}}{\partial x_3}\right)u_3\right]\mathrm{d}V \\
&\quad + \frac{1}{2}\int_V \left(p_{11}\frac{\partial u_1}{\partial x_1} + p_{12}\frac{\partial u_2}{\partial x_1} + p_{13}\frac{\partial u_3}{\partial x_1} + p_{21}\frac{\partial u_1}{\partial x_2} + p_{22}\frac{\partial u_2}{\partial x_2}\right. \\
&\qquad \left. + p_{23}\frac{\partial u_3}{\partial x_2} + p_{31}\frac{\partial u_1}{\partial x_3} + p_{32}\frac{\partial u_2}{\partial x_3} + p_{33}\frac{\partial u_3}{\partial x_3}\right)\mathrm{d}V
\end{aligned}
\tag{5-6}
$$

由式（5-5）以及式（5-6）可以推论，弹性体的能量包括两部分：

$$U = U_\mathrm{K} + U_\mathrm{D} \qquad (5-7)$$

第一部分，与运动直接联系，称为弹性体动能：

$$
\begin{aligned}
U_\mathrm{K} &= \frac{1}{2}\iint_V\left[\left(\frac{\partial p_{11}}{\partial x_1} + \frac{\partial p_{21}}{\partial x_2} + \frac{\partial p_{31}}{\partial x_3}\right)u_1 + \left(\frac{\partial p_{12}}{\partial x_1} + \frac{\partial p_{22}}{\partial x_2} + \frac{\partial p_{32}}{\partial x_3}\right)u_2\right.\\
&\quad \left.+ \left(\frac{\partial p_{13}}{\partial x_1} + \frac{\partial p_{23}}{\partial x_2} + \frac{\partial p_{33}}{\partial x_3}\right)u_3\right]\mathrm{d}V\\
&= \frac{1}{2}\int_V p_{ji,\,j}u_i\mathrm{d}V\\
&= \frac{1}{2}\rho\int_V\frac{\partial^2 u_i}{\partial t^2}u_i\mathrm{d}V
\end{aligned}
\qquad (5-8)
$$

在式（5-8）中，代入了平动方程式（2-24）。

第二部分，与变形直接联系，称为弹性体形变能：

$$
\begin{aligned}
U_\mathrm{D} &= \frac{1}{2}\iint_V\left(p_{11}\frac{\partial u_1}{\partial x_1} + p_{12}\frac{\partial u_2}{\partial x_1} + p_{13}\frac{\partial u_3}{\partial x_1}\right.\\
&\quad + p_{21}\frac{\partial u_1}{\partial x_2} + p_{22}\frac{\partial u_2}{\partial x_2} + p_{23}\frac{\partial u_3}{\partial x_2}\\
&\quad \left.+ p_{31}\frac{\partial u_1}{\partial x_3} + p_{32}\frac{\partial u_2}{\partial x_3} + p_{33}\frac{\partial u_3}{\partial x_3}\right)\mathrm{d}V\\
&= \frac{1}{2}\int_V(p_{11}q_{11} + p_{12}q_{12} + p_{13}q_{13}\\
&\quad + p_{21}q_{21} + p_{22}q_{22} + p_{23}q_{23}\\
&\quad + p_{31}q_{31} + p_{32}q_{32} + p_{33}q_{33})\mathrm{d}V\\
&= \frac{1}{2}\int_V p_{ij}q_{ij}\mathrm{d}V
\end{aligned}
\qquad (5-9)
$$

相比之下，在对称理论中（例如，钱伟长和叶开沅，1956），弹性体动能公式为

$$U'_{K} = \frac{1}{2}\int_{V}\left[\left(\frac{\partial \sigma_{11}}{\partial x_1} + \frac{\partial \sigma_{12}}{\partial x_2} + \frac{\partial \sigma_{13}}{\partial x_3}\right)u_1 + \left(\frac{\partial \sigma_{12}}{\partial x_1} + \frac{\partial \sigma_{22}}{\partial x_2} + \frac{\partial \sigma_{23}}{\partial x_3}\right)u_2\right.$$

$$\left. + \left(\frac{\partial \sigma_{13}}{\partial x_1} + \frac{\partial \sigma_{23}}{\partial x_2} + \frac{\partial \sigma_{33}}{\partial x_3}\right)u_3\right]\mathrm{d}V \qquad (5-10)$$

$$= \frac{1}{2}\rho\int_{V}\frac{\partial^2 u'_i}{\partial t^2}u_i\mathrm{d}V$$

而形变能公式为

$$U'_{D} = \frac{1}{2}\int_{V}(\sigma_{11}\varepsilon_{11} + \sigma_{22}\varepsilon_{22} + \sigma_{33}\varepsilon_{33} + 2\sigma_{12}\varepsilon_{12} + 2\sigma_{13}\varepsilon_{13} + 2\sigma_{23}\varepsilon_{23})\mathrm{d}V$$

$$(5-11)$$

这里需要注意，因为传统的对称线弹性理论只适用于静态问题分析，所以式（5-10）是没有实际意义的。除非存在这样的介质：其中只传播 P 波而不传播 S 波。式（5-10）中的位移 u'_i 是不包括旋转的。

在非对称理论中，对于动能，我们有

$$U_{K} = \frac{1}{2}\int_{V}p_{ji,\,j}u_i\mathrm{d}V$$

$$= \frac{1}{2}\int_{V}(\sigma_{ij,\,j} + \eta_{ji,\,j})u_i\mathrm{d}V \qquad (5-12)$$

$$= \frac{1}{2}\int_{V}(\sigma_{ij,\,j}u_i + \eta_{ji,\,j}u_i)\mathrm{d}V$$

对于形变能，我们有

$$U_{D} = \frac{1}{2}\int_{V}p_{ij}q_{ij}\mathrm{d}V$$

$$= \frac{1}{2}\int_{V}(\sigma_{ij} + \eta_{ij})(\varepsilon_{ij} + \omega_{ij})\mathrm{d}V \qquad (5-13)$$

$$= \frac{1}{2}\int_{V}(\sigma_{ij}\varepsilon_{ij} + \eta_{ij}\omega_{ij})\mathrm{d}V$$

因此，与旋转有关的能量

$$U_{\mathrm{R}} = U - (U'_{\mathrm{K}} + U'_{\mathrm{D}})$$

$$= \frac{1}{2}\int_V \eta_{ji,\,j} u_i \mathrm{d}V + \frac{1}{2}\int_V \eta_{ij}\omega_{ij}\mathrm{d}V \qquad (5-14)$$

同时，利用旋转的胡克定律式（2-15），我们有

$$U_{\mathrm{R}} = \frac{1}{2}\int_S (p_{ij} - \sigma_{ij}) l_j u_i \mathrm{d}S$$

$$= \frac{1}{2}\int_S \eta_{ij} l_j u_i \mathrm{d}S \qquad (5-15)$$

$$= \frac{1}{2}\int_S (\mu_1 - \mu_2)\omega_{ij} l_j u_i \mathrm{d}S$$

这里需要说明，在以上分析中，使用了爱因斯坦求和约定，例如

$$p_{ji,\,j} = \left(\frac{\partial p_{11}}{\partial x_1} + \frac{\partial p_{21}}{\partial x_2} + \frac{\partial p_{31}}{\partial x_3},\ \frac{\partial p_{12}}{\partial x_1} + \frac{\partial p_{22}}{\partial x_2} + \frac{\partial p_{32}}{\partial x_3},\ \frac{\partial p_{13}}{\partial x_1} + \frac{\partial p_{23}}{\partial x_2} + \frac{\partial p_{33}}{\partial x_3}\right)$$

$$(5-16)$$

以及

$$p_{ij}q_{ij} = \sum_i^3 \sum_j^3 p_{ij}q_{ij}$$

$$= p_{11}q_{11} + p_{12}q_{12} + p_{13}q_{13} + p_{21}q_{21} + p_{22}q_{22} \qquad (5-17)$$

$$+ p_{23}q_{23} + p_{31}q_{31} + p_{32}q_{32} + p_{33}q_{33}$$

第6章　非对称弹性参数

综上所述，传统线弹性理论承认旋转的存在，却没有将之纳入其核心体系。在应力和应变的定义上、在胡克定律上、在波动方程上、在能量公式上，我们都看到，传统的对称线弹性理论没有将旋转纳入这个体系。这里需要强调说明的是，传统理论承认旋转的存在，却没有纳入其核心体系，这是一个严重的逻辑缺陷。

在传统的对称线弹性理论的发展过程中，对称的胡克定律式（1-9）出现在前，各向同性介质的本构关系式（2-6）出现在后。回顾2.2节，在式（2-7）中选择 $B=C$，实际上掩盖了传统理论的逻辑缺陷，给出了一种错误的解释。按照逻辑，应该明确 $\omega_{ij}=0$，由式（2-7）得到对称的胡克定律。此时不再有 $\mu=B=C$，取而代之的应该是

$$2\mu = B + C = \mu_1 + \mu_2 \qquad (6-1)$$

这样的话，对称的胡克定律仍然形式不变，同时将与非对称胡克定律式（2-11）保持一致。如此一来，非对称的胡克定律就包含了对称的胡克定律。

6.1　用应力换算应变

在非对称线弹性理论中，q_{ij}（$i \neq j$）和 q_{ji}（$i \neq j$）是两个不同的剪应变。相对于 p_{ij}（$i \neq j$），q_{ij}（$i \neq j$）称为平行剪应变，q_{ji}（$i \neq j$）称为垂直剪应变。与此相应，我们有 μ_1 和 μ_2，称为动剪切模量。前者称为平行动剪切模量，后者称为垂直动剪切模量。

在传统线弹性理论中，另外几个重要的弹性参数与拉梅系数的关系分别为：

体积模量：
$$K = \lambda + \frac{2}{3}\mu \qquad (6-2)$$

杨氏模量：
$$E = \frac{\mu(3\lambda + 2\mu)}{\lambda + \mu} \qquad (6-3)$$

泊松比：
$$\nu = \frac{\lambda}{2(\lambda + \mu)} \qquad (6-4)$$

在静态问题中，由于平衡的存在，共轭剪应力总是相等的，因而没有旋转。

必须说明，在分析静态问题时，所有传统理论的对称公式都仍然是对的。

在非对称理论中，用对称应力表示对称应变的公式仍然是

$$
\begin{cases}
\varepsilon_{11} = \dfrac{1}{E}\left[\sigma_{11} - \nu(\sigma_{22} + \sigma_{33})\right] \\[2mm]
\varepsilon_{22} = \dfrac{1}{E}\left[\sigma_{22} - \nu(\sigma_{11} + \sigma_{33})\right] \\[2mm]
\varepsilon_{33} = \dfrac{1}{E}\left[\sigma_{33} - \nu(\sigma_{11} + \sigma_{22})\right] \\[2mm]
\varepsilon_{12} = \dfrac{1}{2\mu}\sigma_{12} \\[2mm]
\varepsilon_{13} = \dfrac{1}{2\mu}\sigma_{13} \\[2mm]
\varepsilon_{23} = \dfrac{1}{2\mu}\sigma_{23}
\end{cases}
\tag{6-5}
$$

与传统线弹性理论中的形式相同。

将式（6-1）代入，就得到相应的适用于解决动态问题的弹性参数公式：

体积模量：
$$
K = \lambda + \frac{1}{3}(\mu_1 + \mu_2) \tag{6-6}
$$

杨氏模量：
$$
E = \frac{(\mu_1 + \mu_2)(3\lambda + \mu_1 + \mu_2)}{2\lambda + \mu_1 + \mu_2} \tag{6-7}
$$

泊松比：
$$
\nu = \frac{\lambda}{2\lambda + \mu_1 + \mu_2} \tag{6-8}
$$

实际上，为了解决动态问题，需要依据由静态问题分析得到的杨氏模量和泊松比来求拉梅系数。可以先用公式

$$
\begin{cases}
\lambda = \dfrac{E\nu}{(1+\nu)(1-2\nu)} \\[3mm]
\mu_1 + \mu_2 = 2\mu = \dfrac{E}{1+\nu}
\end{cases}
\tag{6-9}
$$

求出 λ 和 $\mu_1 + \mu_2$，再利用关于 S 波速度的式（2-34）求出 μ_1 以及 μ_2。

根据非对称胡克定律式（2-10），我们有

$$\begin{cases} p_{ij} = \mu_1 q_{ij} + \mu_2 q_{ji} \\ p_{ji} = \mu_1 q_{ji} + \mu_2 q_{ij} \end{cases} \quad (i \neq j) \qquad (6-10)$$

即有

$$\begin{cases} \mu_1 p_{ij} = \mu_1^2 q_{ij} + \mu_1\mu_2 q_{ji} \\ \mu_2 p_{ji} = \mu_2^2 q_{ij} + \mu_1\mu_2 q_{ji} \end{cases} \quad (i \neq j) \qquad (6-11)$$

式 (6-11) 中两式相减, 消去 q_{ji} 项, 得到

$$q_{ij} = \frac{\mu_1}{\mu_1^2 - \mu_2^2} p_{ij} - \frac{\mu_2}{\mu_1^2 - \mu_2^2} p_{ji} \quad (i \neq j) \qquad (6-12)$$

因此, 在非对称线弹性理论的动态问题中, 用应力表示应变的公式为

$$\begin{cases} q_{11} = \frac{1}{E}\big[p_{11} - \nu(p_{22} + p_{33}) \big] \\[2mm] q_{22} = \frac{1}{E}\big[p_{22} - \nu(p_{11} + p_{33}) \big] \\[2mm] q_{33} = \frac{1}{E}\big[p_{33} - \nu(p_{11} + p_{22}) \big] \\[2mm] q_{12} = \frac{\mu_1}{\mu_1^2 - \mu_2^2} p_{12} - \frac{\mu_2}{\mu_1^2 - \mu_2^2} p_{21} \\[2mm] q_{21} = \frac{\mu_1}{\mu_1^2 - \mu_2^2} p_{21} - \frac{\mu_2}{\mu_1^2 - \mu_2^2} p_{12} \\[2mm] q_{13} = \frac{\mu_1}{\mu_1^2 - \mu_2^2} p_{13} - \frac{\mu_2}{\mu_1^2 - \mu_2^2} p_{31} \\[2mm] q_{31} = \frac{\mu_1}{\mu_1^2 - \mu_2^2} p_{31} - \frac{\mu_2}{\mu_1^2 - \mu_2^2} p_{13} \\[2mm] q_{23} = \frac{\mu_1}{\mu_1^2 - \mu_2^2} p_{23} - \frac{\mu_2}{\mu_1^2 - \mu_2^2} p_{32} \\[2mm] q_{32} = \frac{\mu_1}{\mu_1^2 - \mu_2^2} p_{32} - \frac{\mu_2}{\mu_1^2 - \mu_2^2} p_{23} \end{cases} \qquad (6-13)$$

　　与传统线弹性理论的公式不同，这里有 9 个互相独立的公式：其中，3 个正应变-正应力公式不变，变的是剪应变-剪应力公式，并且由 3 个增加为 6 个。

6.2　实验证据

　　就弹性参数的表达而言，除提出式（6-1）外，非对称线弹性理论实际上只改变了 S 波速度公式，从式（1-21）变为式（2-34）。这种改变看上去不很明显，但是其实际意义不可小觑。

　　根据物理意义，剪应力 p_{ij}（$i \neq j$）对平行剪应变 q_{ij}（$i \neq j$）的影响应该比对垂直剪应变 q_{ji}（$i \neq j$）的影响大，即

$$\mu_1 > \mu_2 \tag{6-14}$$

　　当平行剪切模量比垂直剪切模量大得多，以致后者可以被忽略（例如后面将讨论的 S 平面波）时，根据式（6-1），我们有

$$2\mu \approx \mu_1 \tag{6-15}$$

想象一个极端情况，p_{ij}（$i \neq j$）只造成 q_{ij}（$i \neq j$）而不造成 q_{ji}（$i \neq j$），此时传统线弹性理论的式（1-21）就完全不对了。根据式（2-34），接近真实的 S 波速度公式将是

$$\beta \approx \sqrt{\frac{2\mu}{\rho}} \tag{6-16}$$

　　非对称线弹性理论是一个完整的小变形理论。传统理论只涉及对称的变形部分，因而不完整。其实，如果不存在以旋转为特征的 S 波，传统理论即使不完整，也是正确的。有趣的是，历史上，人们根据式（1-21）推测了存在 S 波。1899 年，Richard Oldham 在地震图上识别出了 P 波和 S 波（Howell，1990）。

　　有人也许会以为，传统理论的 S 波速度公式早已被观测证实，不可能有错。实际上不是这样。传统的 S 波速度公式从未得到严格的验证，它与实验结果的冲突一直存在，不过是被曲解了。需要澄清的是，对 S 波速度公式的修正，并非对 S 波速度的修正。S 波的速度通常是由观测确定的，不是用与波动方程相关的速度公式计算出来的。

　　S 波速度公式虽然用途不少，但是在多数情况下都难以验证。最常见的、可以验证的 S 波速度公式的一个用途，是计算杨氏模量

$$E = \frac{\mu(3\lambda + 2\mu)}{\lambda + \mu} \qquad (6-17)$$

利用 P 波和 S 波的速度公式，杨氏模量可以用 P 波和 S 波速度给出。

在传统理论中，由式（1-21）得到

$$\mu = \rho\beta^2 \qquad (6-18)$$

再由式（1-19）得到

$$\lambda = \rho\alpha^2 - 2\rho\beta^2 \qquad (6-19)$$

将式（6-18）和式（6-19）代入式（6-17），得到用 P 波和 S 波速度表达的传统理论的杨氏模量公式

$$E' = \rho\beta^2 \frac{3\alpha^2 - 4\beta^2}{\alpha^2 - \beta^2} = \rho\beta^2 \frac{3r_{\alpha\beta} - 4}{r_{\alpha\beta} - 1} \qquad (6-20)$$

其中，$r_{\alpha\beta} = \frac{\alpha^2}{\beta^2} > 1$（例如，Jaeger & Cook，1976，6.14）。这里的 α 和 β 都是观测值。

大量实验结果表明，用式（6-20）求出的"动杨氏模量" E_d，与通过实验室直接测量方法得到的"静杨氏模量" E_s 差别很大，前者往往比后者大得多（Zisman，1933；US Bureau of Reclamation，1953；Clark，1965；Simmons & Brace，1965；Lama & Vutukuri，1978）。表 6-1 给出了美国农垦局的综合数据（US Bureau of Reclamation，1953）。由表可见，大多数岩石的动杨氏模量约比静杨氏模量大一倍左右。

不可否认，不够精确的测量结果有相当大的误差。但是，这种大体具有一致性的差别不能完全归因于测量误差，一直被认为与岩石本构关系对加载时间的依赖性有关（Jizba & Nur，1990；Martin & Haupt，1994；Yale et al.，1995；Tutuncu et al.，1998）。实际上，这种依赖性确实存在。但是，由相关实验可知其影响有限，一般不可能使动杨氏模量比静杨氏模量增大一倍。同时，这只是问题的一方面。另一方面，波动时的应力-应变变化都很小，在一般的应力-应变关系中，当应力-应变变化很小时，由于存在孔隙的影响，其弹性模量明显比较小；在进一步加载过程中，等到孔隙被压缩趋于消失，弹性模量会有所增大。从这个

观点看，动杨氏模量应该小于而不是大于静杨氏模量。

表 6 - 1　美国农垦局给出的"静杨氏模量" E_s 和"动杨氏模量" E_d
（US Bureau of Reclamation，1953）

岩性	E_s lbf/in^2×10^6	E_d lbf/in^2×10^6	E_d/E_s
Chalcedonic 石灰岩	8.0	6.8	0.85
石灰岩	9.7	10.3	1.06
鲕状石灰岩	6.6	7.8	1.18
石英页岩	2.4	3.2	1.33
二长斑岩	6.0	8.2	1.37
石英闪长岩	3.1	4.4	1.42
Stylolitic 石灰岩	5.6	8.2	1.46
黑云母片岩	5.8	8.6	1.48
石灰岩	2.4	4.1	1.71
石灰岩	4.9	7.6	1.55
粉砂岩	1.9	3.9	2.05
亚杂砂岩	1.8	3.8	2.11
绢云母片岩	1.1	2.6	2.36
亚杂砂岩	1.6	3.8	2.38
石英千枚岩	1.1	2.7	2.45
灰质页岩	2.3	3.6	1.57
亚杂砂岩	1.4	3.6	2.57
花岗岩	0.8	2.2	2.75
石墨千枚岩	1.4	3.9	2.79
亚杂砂岩	1.3	3.8	2.92

　　"动杨氏模量"与"静杨氏模量"有显著差别，其主要原因应该是使用了错误的"动杨氏模量"计算公式。根据非对称的线弹性理论，胡克定律有 3 个参

数，一般不能仅用两个体波速度求出全部这些参数。但是，当式（6－15）成立时，由式（6－16）得到

$$\mu \approx \frac{1}{2}\rho\beta^2 \tag{6－21}$$

再由式（2－32）得到

$$\lambda \approx \rho\alpha^2 - \rho\beta^2 \tag{6－22}$$

将式（6－21）和式（6－22）代入式（6－17），得到用 P 波和 S 波速度表达的非对称理论的杨氏模量公式

$$E \approx \rho\beta^2 \frac{3\alpha^2 - 2\beta^2}{2\alpha^2 - \beta^2} = \rho\beta^2 \frac{3r_{\alpha\beta} - 2}{2r_{\alpha\beta} - 1} \tag{6－23}$$

利用式（6－20）和式（6－23），我们有

$$\frac{E'}{E} \approx \frac{(3r_{\alpha\beta} - 4)(2r_{\alpha\beta} - 1)}{(r_{\alpha\beta} - 1)(3r_{\alpha\beta} - 2)} = \frac{6r_{\alpha\beta}^2 - 11r_{\alpha\beta} + 4}{3r_{\alpha\beta}^2 - 5r_{\alpha\beta} + 2} \approx 2 \tag{6－24}$$

这就是说，在以往使用的根据虚假的 S 波速度公式导出的动杨氏模量中，把真实的动杨氏模量约放大了一倍。这才是造成大多数动杨氏模量比静杨氏模量约大一倍的主要原因。真实的动杨氏模量更接近静杨氏模量。

　　S 波速度公式的用途，除计算杨氏模量外，其实还可以计算泊松比

$$\nu = \frac{\lambda}{2(\lambda + \mu)} \tag{6－25}$$

利用 P 波和 S 波的速度公式，泊松比也可以用 P 波和 S 波速度给出。在传统线弹性理论中（例如，Jaeger & Cook，1976，6.14），泊松比的公式为

$$\nu' = \frac{\alpha^2 - 2\beta^2}{2\alpha^2 - 2\beta^2} = \frac{r_{\alpha\beta} - 2}{2r_{\alpha\beta} - 2} \tag{6－26}$$

对比之下，非对称线弹性理论给出的近似公式为

$$\nu \approx \frac{\alpha^2 - \beta^2}{2\alpha^2 - \beta^2} = \frac{r_{\alpha\beta} - 1}{2r_{\alpha\beta} - 1} \tag{6-27}$$

现在我们来比较一下 ν' 和 ν。设 $a = r_{\alpha\beta} - 1$，$b = 2r_{\alpha\beta} - 1$，有 $0 < a < b$。此时，$\nu' = \frac{a-1}{b-1}$。同时，利用等比定理，有 $\nu = \frac{a}{b} = \frac{a-\nu}{b-1}$。比较二者，因为 $1 > \nu > 0$，所以 $\nu' < \nu$。但是动、静泊松比的差别不像弹性模量的差别那么明显。

在大多数情况中，人们假设 P 波和 S 波的速度公式是正确的，然后直接拿来使用，而不加以验证，或根本无法验证。例如，在用地震波探测地球结构的研究中，就可以根据 P 波和 S 波速度公式求出泊松比（例如，Zhao et al.，1996）。此时，利用传统线弹性理论的 S 波速度公式，就会给出不正确的结果。

推而广之，在有普遍影响的对地球内部结构的研究中，P 波和 S 波速度公式也扮演了非常重要的角色（例如，傅承义等，1985；Stein & Wysession，2003）。经典的确定地球的密度分布的方法，就需要利用 P 波和 S 波速度公式（Bullen，1963）。对 S 波速度公式的修正，使人们目前使用的地球模型也面临修正。

第7章 应变与旋转的关系

在后面的章节中，为叙述方便，除特别声明非对称外，所谓应变都指对称应变。

根据非对称线弹性理论，在讨论波动问题时，不仅要考虑非对称应变张量的对称部分，还要考虑其反对称部分，也就是旋转。

本章讨论非对称应变的一个重要应用，它揭示了应变与旋转之间的联系。应变与旋转本来是两个不同的物理量。但是，在一个特定的方向上，旋转就等于剪应变。

7.1 二维情形

我们首先以二维情形为例，对非对称线弹性理论的应变与旋转作进一步的讨论。我们从讨论应变张量的坐标变换公式开始，回顾应变主方向和主应变的导出，并进一步引出应变与旋转的几何联系，然后提出旋转方位的概念和应变-旋转公式。

7.1.1 坐标变换

在二维直角坐标系中，非对称应变张量为

$$q_{ij} = \begin{bmatrix} q_{11} & q_{12} \\ q_{21} & q_{22} \end{bmatrix} = \begin{bmatrix} \dfrac{\partial u_1}{\partial x_1} & \dfrac{\partial u_2}{\partial x_1} \\ \dfrac{\partial u_1}{\partial x_2} & \dfrac{\partial u_2}{\partial x_2} \end{bmatrix} \qquad (7-1)$$

一般地，非对称应变张量是方向的函数，即随方向改变而改变。式（7-1）是 (x_1, x_2) 坐标系的非对称应变张量。设想坐标系转动一个角度 θ（图7-1），变成 (x'_1, x'_2)。在新的方向上，非对称应变张量变为

$$q'_{ij} = l^T_{ij} q_{ij} l_{ij} \quad (i, j = 1, 2) \qquad (7-2)$$

其中，方向余弦矩阵

$$l_{ij} = \begin{bmatrix} l_{11} & l_{12} \\ l_{21} & l_{22} \end{bmatrix} = \begin{bmatrix} \cos\theta & -\sin\theta \\ \sin\theta & \cos\theta \end{bmatrix} \quad (7-3)$$

是不对称的。将式（7-3）代入式（7-2）得到

$$q'_{ij} = \begin{bmatrix} q'_{11} & q'_{12} \\ q'_{21} & q'_{22} \end{bmatrix} = \begin{bmatrix} \cos\theta & \sin\theta \\ -\sin\theta & \cos\theta \end{bmatrix} \begin{bmatrix} q_{11} & q_{12} \\ q_{21} & q_{22} \end{bmatrix} \begin{bmatrix} \cos\theta & -\sin\theta \\ \sin\theta & \cos\theta \end{bmatrix}$$

$$(7-4)$$

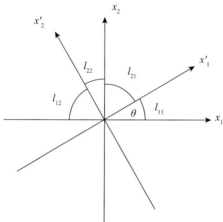

图 7-1 二维坐标系转动的各方向余弦分量命名规定

将式（7-4）的应变张量表示为列向量，并令

$$\varepsilon_{ij} = \begin{pmatrix} \varepsilon_{11} & \varepsilon_{12} \\ \varepsilon_{12} & \varepsilon_{22} \end{pmatrix} = \begin{pmatrix} q_{11} & \dfrac{1}{2}(q_{12} + q_{21}) \\ \dfrac{1}{2}(q_{12} + q_{21}) & q_{22} \end{pmatrix} \quad (7-5)$$

即有（例如，Turcotte & Schubert，1982）

$$\begin{bmatrix} q'_{11} \\ q'_{12} \\ q'_{21} \\ q'_{22} \end{bmatrix} = \begin{bmatrix} q_{11}\cos^2\theta + q_{22}\sin^2\theta + (q_{12} + q_{21})\sin\theta\cos\theta \\ q_{12}\cos^2\theta - q_{21}\sin^2\theta - (q_{11} - q_{22})\sin\theta\cos\theta \\ q_{21}\cos^2\theta - q_{12}\sin^2\theta - (q_{11} - q_{22})\sin\theta\cos\theta \\ q_{22}\cos^2\theta + q_{11}\sin^2\theta - (q_{12} + q_{21})\sin\theta\cos\theta \end{bmatrix}$$

$$
= \begin{bmatrix}
\dfrac{1}{2}(q_{11} + q_{22}) + \dfrac{1}{2}(q_{11} - q_{22})\cos2\theta + \dfrac{1}{2}(q_{12} + q_{21})\sin2\theta \\[2mm]
\dfrac{1}{2}(q_{12} - q_{21}) + \dfrac{1}{2}(q_{12} + q_{21})\cos2\theta - \dfrac{1}{2}(q_{11} - q_{22})\sin2\theta \\[2mm]
\dfrac{1}{2}(q_{21} - q_{12}) + \dfrac{1}{2}(q_{21} + q_{12})\cos2\theta - \dfrac{1}{2}(q_{11} - q_{22})\sin2\theta \\[2mm]
\dfrac{1}{2}(q_{11} + q_{22}) - \dfrac{1}{2}(q_{11} - q_{22})\cos2\theta - \dfrac{1}{2}(q_{12} + q_{21})\sin2\theta
\end{bmatrix}
$$

$$
= \begin{bmatrix}
\dfrac{1}{2}(\varepsilon_{11} + \varepsilon_{22}) + \dfrac{1}{2}(\varepsilon_{11} - \varepsilon_{22})\cos2\theta + \varepsilon_{12}\sin2\theta \\[2mm]
\omega_3 + \varepsilon_{12}\cos2\theta - \dfrac{1}{2}(\varepsilon_{11} - \varepsilon_{22})\sin2\theta \\[2mm]
-\omega_3 + \varepsilon_{12}\cos2\theta - \dfrac{1}{2}(\varepsilon_{11} - \varepsilon_{22})\sin2\theta \\[2mm]
\dfrac{1}{2}(\varepsilon_{11} + \varepsilon_{22}) - \dfrac{1}{2}(\varepsilon_{11} - \varepsilon_{22})\cos2\theta - \varepsilon_{12}\sin2\theta
\end{bmatrix}
$$

$$
= \begin{bmatrix}
\varepsilon'_{11} \\
\omega_3 + \varepsilon'_{12} \\
-\omega_3 + \varepsilon'_{12} \\
\varepsilon'_{22}
\end{bmatrix}
\tag{7-6}
$$

其中，

$$
\varepsilon'_{ij} = \begin{pmatrix} \varepsilon'_{11} & \varepsilon'_{12} \\ \varepsilon'_{12} & \varepsilon'_{22} \end{pmatrix} = \begin{pmatrix} q'_{11} & \dfrac{1}{2}(q'_{12} + q'_{21}) \\[2mm] \dfrac{1}{2}(q'_{12} + q'_{21}) & q'_{22} \end{pmatrix}
\tag{7-7}
$$

实际上，式 (7-6) 就是

$$
\begin{aligned}
q'_{ij} &= \varepsilon'_{ij} + \omega'_{ij} \\
&= \begin{bmatrix} \varepsilon'_{11} & \varepsilon'_{12} \\ \varepsilon'_{12} & \varepsilon'_{22} \end{bmatrix} + \begin{bmatrix} 0 & \omega_3 \\ -\omega_3 & 0 \end{bmatrix}
\end{aligned}
\tag{7-8}
$$

式（7-8）表明经过坐标系转动后非对称应变与对称应变和旋转的关系，即非对称应变仍等于对称应变与旋转之和。二维情况如此，三维情况也如此。

根据式（7-6），我们可以得到两个有用的二维情形的不变量。一个是绕垂直于坐标平面并通过原点的直线（即绕 x_3 轴）的旋转

$$\frac{1}{2}(q'_{12} - q'_{21}) = \frac{1}{2}(q_{12} - q_{21}) = \omega_3 \qquad (7-9)$$

另一个是

$$q'_{11} + q'_{22} = q_{11} + q_{22} = \varepsilon_a \qquad (7-10)$$

其中，

$$\varepsilon_a = \varepsilon'_{11} + \varepsilon'_{22} = \varepsilon_{11} + \varepsilon_{22} \qquad (7-11)$$

称为面应变。请注意，这里所谓不变量是指不随方向改变而改变。旋转和面应变是二维情形的两个不变量，即对于二维坐标系而言不随方向改变而改变。三维情况另当别论。

还应该说明的是：从平动的角度看，我们是在讨论二维问题；但是从旋转的角度看，这里讨论的只是绕一个轴（x_3 轴）的旋转 ω_3。

7.1.2　应变主方向和主应变

主应变和应变主方向是弹性理论中的两个重要概念。根据传统理论的应变分析，在某个特殊的方向 ϕ 上剪应变为零，即

$$\varepsilon'_{12} = \varepsilon_{12}\cos2\phi - \frac{1}{2}(\varepsilon_{11} - \varepsilon_{22})\sin2\phi = 0 \qquad (7-12)$$

此时，

$$\tan2\phi = \frac{2\varepsilon_{12}}{\varepsilon_{11} - \varepsilon_{22}} \qquad (7-13)$$

由式（7-13）可得

$$\begin{cases} \varepsilon_{11} - \varepsilon_{22} = \sqrt{(\varepsilon_{11} - \varepsilon_{22})^2 + 4\varepsilon_{12}^2} \cos 2\phi \\ 2\varepsilon_{12} = \sqrt{(\varepsilon_{11} - \varepsilon_{22})^2 + 4\varepsilon_{12}^2} \sin 2\phi \end{cases} \tag{7-14}$$

在方向 ϕ 上的正应变为最大主应变

$$\begin{aligned} \varepsilon_1 &= \frac{1}{2}(\varepsilon_{11} + \varepsilon_{22}) + \frac{1}{2}(\varepsilon_{11} - \varepsilon_{22})\cos 2\phi + \varepsilon_{12}\sin 2\phi \\ &= \frac{1}{2}(\varepsilon_{11} + \varepsilon_{22}) + \frac{1}{2}\sqrt{(\varepsilon_{11} - \varepsilon_{22})^2 + 4\varepsilon_{12}^2} \end{aligned} \tag{7-15}$$

在与 ϕ 垂直的方向上的正应变为最小主应变

$$\begin{aligned} \varepsilon_2 &= \frac{1}{2}(\varepsilon_{11} + \varepsilon_{22}) - \frac{1}{2}(\varepsilon_{11} - \varepsilon_{22})\cos 2\phi - \varepsilon_{12}\sin 2\phi \\ &= \frac{1}{2}(\varepsilon_{11} + \varepsilon_{22}) - \frac{1}{2}\sqrt{(\varepsilon_{11} - \varepsilon_{22})^2 + 4\varepsilon_{12}^2} \end{aligned} \tag{7-16}$$

一般地，$\varepsilon_1 \geqslant \varepsilon_2$。

根据定义，应变主方向 ϕ 与最大主应变对应，即最大主应变所在方向为主应变方向。当坐标系的 x_1 轴与在该方向一致时，非对称应变张量为

$$\begin{aligned} q'_{ij} &= \begin{bmatrix} \varepsilon_1 & 0 \\ 0 & \varepsilon_2 \end{bmatrix} + \begin{bmatrix} 0 & \omega_3 \\ -\omega_3 & 0 \end{bmatrix} \\ &= \begin{bmatrix} \varepsilon_1 & \omega_3 \\ -\omega_3 & \varepsilon_2 \end{bmatrix} \end{aligned} \tag{7-17}$$

7.1.3　应变与旋转的几何联系

剪应变与旋转的一个不同之处是：剪应变的大小与坐标系联系在一起，随坐标系的变化而变化；而旋转是独立的，其大小不随坐标系的变化而变化。

我们已经知道，在主应变方向 ϕ 上，剪应变等于 0。我们现在还要进一步说明，在另外的一个特殊方向（旋转方位）上，剪应变与旋转相等。

分析二维情形的一个好处是，可以比较简单地给出应变和旋转的几何图像。如图 7 - 2（a）所示，在小变形中，剪应变的作用就是将一个正方形变成菱形，

而绕 x_3 轴的旋转的作用，就是使正方形的对角线 OM 变到菱形的对角线 ON。剪应变 $\varepsilon_{12}=\dfrac{1}{2}\left(\dfrac{\partial u_2}{\partial x_1}+\dfrac{\partial u_1}{\partial x_2}\right)$，是对正方形变成菱形的程度的定量描述，而绕 x_3 轴的旋转 $\omega_3=\dfrac{1}{2}\left(\dfrac{\partial u_2}{\partial x_1}-\dfrac{\partial u_1}{\partial x_2}\right)$，则是对正方形对角线 OM 变到菱形对角线 ON 的定量描述。

实际上，对于图 7-2(a)，适当（绕 x_3 轴）转动坐标系，使 Δu_1 或者 Δu_2 等于 0，就得到图 7-2(b) 或者图 7-2(c)。

把 $\Delta u_1 = 0$ 的特殊方向记为 Φ。在该方向上，因为 $q_{21}=\dfrac{\partial u_1}{\partial u_2}=0$，所以 $\varepsilon_{12}=\dfrac{1}{2}\dfrac{\partial u_2}{\partial x_1}$，同时 $\omega_3=\dfrac{1}{2}\dfrac{\partial u_2}{\partial x_1}$，即有 $\omega_3=\varepsilon_{12}$。类似地，把 $\Delta u_2=0$ 的特殊方向记为 $\overline{\Phi}$。在该方向上，因为 $q_{12}=\dfrac{\partial u_2}{\partial u_1}=0$，所以 $\varepsilon_{12}=\dfrac{1}{2}\dfrac{\partial u_1}{\partial x_2}$，同时 $\omega_3=-\dfrac{1}{2}\dfrac{\partial u_1}{\partial x_2}$，即有 $\omega_3=-\varepsilon_{12}$。根据图 7-2(b) 和图 7-2(c) 的几何关系，我们可以推断：$\overline{\Phi}=\Phi\pm\dfrac{\pi}{2}$。

由此我们看到，应变和旋转是有联系的。其实，根据式（7-6），我们可以推导得出同样的判断。

当 $q'_{21}=0$ 时，得到

$$
\begin{aligned}
\omega_3 &= \varepsilon'_{12} \\
&= \varepsilon_{12}\cos 2\Phi - \frac{1}{2}(\varepsilon_{11}-\varepsilon_{22})\sin 2\Phi \\
&= S_{\max}\sin 2(\phi-\Phi)
\end{aligned}
\tag{7-18}
$$

其中，ϕ 是应变主方向，而

$$
\begin{aligned}
S_{\max} &= \frac{1}{2}\sqrt{(\varepsilon_{11}-\varepsilon_{22})^2+4\varepsilon_{12}^2} \\
&= \frac{1}{2}(\varepsilon_1-\varepsilon_2) \geqslant 0
\end{aligned}
\tag{7-19}
$$

为最大剪应变，也是一个不变量。

当 $q'_{12}=0$ 时，$\overline{\Phi}=\Phi\pm\dfrac{\pi}{2}$，得到

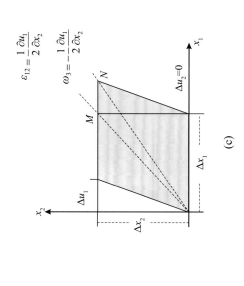

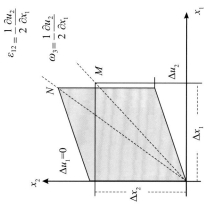

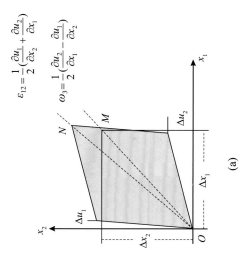

图 7-2　应变和旋转的几何表示

(a) 一般坐标系；　(b) 使 $\Delta u_1 = 0$ 的坐标系；　(c) 使 $\Delta u_2 = 0$ 的坐标系

$$\omega_3 = -\varepsilon'_{12}$$

$$= -\varepsilon_{12}\cos2\overline{\Phi} + \frac{1}{2}(\varepsilon_{11} - \varepsilon_{22})\sin2\overline{\Phi}$$

$$= -S_{\max}\sin2(\phi - \overline{\Phi}) \qquad\qquad (7-20)$$

$$= S_{\max}\sin2(\phi - \Phi)$$

对比式（7-18）和式（7-20）可见，两种情况的由应变换算旋转的公式相同，称为应变-旋转公式。

7.1.4　应变率主方向

本小节讨论一个有趣的理论问题。

根据式（7-18），如果能确定 Φ，就能通过计算剪应变得到旋转。我们可以把式（7-18）看成一个方程，Φ 就是该方程的解。为了给出这个解，我们来考察由式（7-18）表示的旋转的全微分

$$
\begin{aligned}
\mathrm{d}\omega_3 ={}& \cos2\Phi\mathrm{d}\varepsilon_{12} - 2\varepsilon_{12}\sin2\Phi\mathrm{d}\Phi - \frac{1}{2}\sin2\Phi\mathrm{d}(\varepsilon_{11} - \varepsilon_{22}) - \\
& (\varepsilon_{11} - \varepsilon_{22})\cos2\Phi\mathrm{d}\Phi \\
={}& [2\varepsilon_{12}\sin2\Phi + (\varepsilon_{11} - \varepsilon_{22})\cos2\Phi]\mathrm{d}\Phi + \\
& \left[\cos2\Phi\mathrm{d}\varepsilon_{12} - \frac{1}{2}\sin2\Phi\mathrm{d}(\varepsilon_{11} - \varepsilon_{22})\right]
\end{aligned}
\qquad (7-21)
$$

根据式（7-21），我们可以把旋转分为两种情况：一种是 $\mathrm{d}\Phi \equiv 0$ 的情况，另一种是保持 $\mathrm{d}\Phi \neq 0$ 的情况。

当 $\mathrm{d}\Phi \equiv 0$ 时，Φ 是一个常数。后面将说明，这种情况与平面 S 波以及 Love 表面波对应，旋转方位就是波传播的方向。

我们这里重点讨论保持 $\mathrm{d}\Phi \neq 0$ 的情况。在这种情况中，旋转方位是不断变化的。可以证明，当 Φ 由

$$\cos2\Phi\mathrm{d}\varepsilon_{12} - \frac{1}{2}\sin2\Phi\mathrm{d}(\varepsilon_{11} - \varepsilon_{22}) = 0 \qquad (7-22)$$

即

$$\tan 2\Phi = \frac{2\mathrm{d}\varepsilon_{12}}{\mathrm{d}(\varepsilon_{11} - \varepsilon_{22})} \tag{7-23}$$

给出时，就满足方程（7-18）。这样确定的 Φ，称为应变率主方向。

根据式（7-21），当 Φ 满足式（7-22）时必然有

$$\mathrm{d}\omega_3 = -\left[2\varepsilon_{12}\sin 2\Phi + (\varepsilon_{11} - \varepsilon_{22})\cos 2\Phi\right]\mathrm{d}\Phi \tag{7-24}$$

由式（7-24）可见，此时 Φ 具有特殊性：一般地，Φ 与旋转 ω_3 一起变化，当 Φ 不变时，旋转 ω_3 也不变。更重要的是，旋转 ω_3 可以由只对 $\mathrm{d}\Phi$ 求定积分而得到。

要对式（7-24）求定积分，首先要给出积分限。为此，我们要利用应变主方向对式（7-24）进行改写。将式（7-14）代入式（7-24），就得到

$$
\begin{aligned}
\mathrm{d}\omega_3 &= -\Big[\sqrt{(\varepsilon_{11} - \varepsilon_{22})^2 + 4\varepsilon_{12}^2}\cos 2\phi\cos 2\Phi + \\
&\quad \sqrt{(\varepsilon_{11} - \varepsilon_{22})^2 + 4\varepsilon_{12}^2}\sin 2\phi\sin 2\Phi\Big]\mathrm{d}\Phi \\
&= -2S_{\max}\cos 2(\Phi - \phi)\mathrm{d}\Phi
\end{aligned}
\tag{7-25}
$$

旋转只与动力学相关。在静力学中，因为 $\omega_3 = 0$，所以式（7-18）就变成式（7-12），即有 $\Phi = \phi$。据此可以认为，当波动刚刚发生时，$\Phi = \phi$。波动发生后，原来的静态变成动态，Φ 偏离 ϕ，旋转才可能出现，由下面的定积分给出：

$$
\begin{aligned}
\omega_3 &= -\int_{\phi}^{\Phi} 2S_{\max}\cos 2(\Phi - \phi)\mathrm{d}\Phi \\
&= -S_{\max}\big[\sin 2(\phi - \phi) - \sin 2(\Phi - \phi)\big] \\
&= S_{\max}\sin 2(\phi - \Phi)
\end{aligned}
\tag{7-26}
$$

这样，我们就证明了，当 Φ 由式（7-22）和式（7-23）给出时，必然有式（7-26）成立，即满足方程（7-18）。这就是说，应变率主方向与旋转方位相同。

这里要说明的是，式（7-23）也有 Φ 和 $\Phi \pm \dfrac{\pi}{2}$ 两个解。

7.2　三维情形

要完整地把握应变和旋转，就必须搞清楚三维空间中的情形。

7.2.1 坐标变换

在三维坐标系（x_1，x_2，x_3）中，当坐标系发生任意转动时，方向余弦矩阵为

$$l_{ij} = \begin{bmatrix} l_{11} & l_{12} & l_{13} \\ l_{21} & l_{22} & l_{23} \\ l_{31} & l_{32} & l_{33} \end{bmatrix} \tag{7-27}$$

在新坐标系中，非对称应变张量为

$$\begin{aligned} q'_{ij} &= \varepsilon'_{ij} + \omega'_{ij} \\ &= l_{ij}^T q_{ij} l_{ij} = l_{ij}^T \varepsilon_{ij} l_{ij} + l_{ij}^T \omega_{ij} l_{ij} \end{aligned} \tag{7-28}$$

即

$$\begin{aligned} q'_{ij} &= \begin{bmatrix} \varepsilon'_{11} & \varepsilon'_{12} & \varepsilon'_{13} \\ \varepsilon'_{12} & \varepsilon'_{22} & \varepsilon'_{23} \\ \varepsilon'_{13} & \varepsilon'_{23} & \varepsilon'_{33} \end{bmatrix} + \begin{bmatrix} 0 & \omega'_3 & -\omega'_2 \\ -\omega'_3 & 0 & \omega'_1 \\ \omega'_2 & -\omega'_1 & 0 \end{bmatrix} \\ &= \begin{bmatrix} l_{11} & l_{21} & l_{31} \\ l_{12} & l_{22} & l_{32} \\ l_{13} & l_{23} & l_{33} \end{bmatrix} \begin{bmatrix} q_{11} & q_{12} & q_{13} \\ q_{21} & q_{22} & q_{23} \\ q_{31} & q_{32} & q_{33} \end{bmatrix} \begin{bmatrix} l_{11} & l_{12} & l_{13} \\ l_{21} & l_{22} & l_{23} \\ l_{31} & l_{32} & l_{33} \end{bmatrix} \\ &= \begin{bmatrix} l_{11} & l_{21} & l_{31} \\ l_{12} & l_{22} & l_{32} \\ l_{13} & l_{23} & l_{33} \end{bmatrix} \begin{bmatrix} \varepsilon_{11} & \varepsilon_{12} & \varepsilon_{13} \\ \varepsilon_{12} & \varepsilon_{22} & \varepsilon_{23} \\ \varepsilon_{13} & \varepsilon_{23} & \varepsilon_{33} \end{bmatrix} \begin{bmatrix} l_{11} & l_{12} & l_{13} \\ l_{21} & l_{22} & l_{23} \\ l_{31} & l_{32} & l_{33} \end{bmatrix} \\ &\quad + \begin{bmatrix} l_{11} & l_{21} & l_{31} \\ l_{12} & l_{22} & l_{32} \\ l_{13} & l_{23} & l_{33} \end{bmatrix} \begin{bmatrix} 0 & \omega_3 & -\omega_2 \\ -\omega_3 & 0 & \omega_1 \\ \omega_2 & -\omega_1 & 0 \end{bmatrix} \begin{bmatrix} l_{11} & l_{12} & l_{13} \\ l_{21} & l_{22} & l_{23} \\ l_{31} & l_{32} & l_{33} \end{bmatrix} \end{aligned} \tag{7-29}$$

我们可以具体写出任意一个正应变分量，例如，

$$\begin{aligned} q'_{11} &= (q_{11}l_{11} + q_{21}l_{21} + q_{31}l_{31})l_{11} + (q_{12}l_{11} + q_{22}l_{21} + q_{32}l_{31})l_{21} \\ &\quad + (q_{13}l_{11} + q_{23}l_{21} + q_{33}l_{31})l_{31} \end{aligned}$$

$$
\begin{aligned}
&= q_{11}l_{11}^2 + q_{22}l_{21}^2 + q_{33}l_{31}^2 \\
&\quad + (q_{12} + q_{21})l_{11}l_{21} + (q_{23} + q_{32})l_{21}l_{31} + (q_{31} + q_{13})l_{31}l_{11} \\
&= \varepsilon_{11}l_2 11 + \varepsilon_{22}l_{21}^2 + \varepsilon_{33}l_{31}^2 \\
&\quad + 2\varepsilon_{12}l_{11}l_{21} + 2\varepsilon_{23}l_{21}l_{31} + 2\varepsilon_{13}l_{31}l_{11}
\end{aligned}
\tag{7-30}
$$

和任意一个剪应变分量，例如，

$$
\begin{aligned}
q'_{12} &= (q_{11}l_{11} + q_{21}l_{21} + q_{31}l_{31})l_{12} + (q_{12}l_{11} + q_{22}l_{21} + q_{32}l_{31})l_{22} \\
&\quad + (q_{13}l_{11} + q_{23}l_{21} + q_{33}l_{31})l_{32} \\
&= q_{11}l_{11}l_{12} + q_{22}l_{21}l_{22} + q_{33}l_{31}l_{32} + q_{21}l_{21}l_{12} + q_{31}l_{31}l_{12} \\
&\quad + q_{12}l_{11}l_{22} + q_{32}l_{31}l_{22} + q_{13}l_{11}l_{32} + q_{23}l_{21}l_{32}
\end{aligned}
\tag{7-31}
$$

在传统线弹性理论中，我们已经知道，经过这种坐标系转动，对称应变为

$$
\begin{aligned}
\varepsilon'_{ij} &=
\begin{bmatrix}
\varepsilon'_{11} & \varepsilon'_{12} & \varepsilon'_{13} \\
\varepsilon'_{12} & \varepsilon'_{22} & \varepsilon'_{23} \\
\varepsilon'_{13} & \varepsilon'_{23} & \varepsilon'_{33}
\end{bmatrix} \\
&=
\begin{bmatrix}
l_{11} & l_{21} & l_{31} \\
l_{12} & l_{22} & l_{32} \\
l_{13} & l_{23} & l_{33}
\end{bmatrix}
\begin{bmatrix}
\varepsilon_{11} & \varepsilon_{12} & \varepsilon_{13} \\
\varepsilon_{12} & \varepsilon_{22} & \varepsilon_{23} \\
\varepsilon_{13} & \varepsilon_{23} & \varepsilon_{33}
\end{bmatrix}
\begin{bmatrix}
l_{11} & l_{12} & l_{13} \\
l_{21} & l_{22} & l_{23} \\
l_{31} & l_{32} & l_{33}
\end{bmatrix}
\end{aligned}
\tag{7-32}
$$

我们可以写出其中的正应变分量，例如，

$$
\begin{aligned}
\varepsilon'_{11} &= \varepsilon_{11}l_{11}^2 + \varepsilon_{22}l_{21}^2 + \varepsilon_{33}l_{31}^2 \\
&\quad + 2\varepsilon_{12}l_{11}l_{21} + 2\varepsilon_{23}l_{21}l_{31} + 2\varepsilon_{13}l_{31}l_{11}
\end{aligned}
\tag{7-33}
$$

以及剪应变分量，例如，

$$
\begin{aligned}
\varepsilon'_{12} &= \varepsilon_{11}l_{11}l_{12} + \varepsilon_{22}l_{21}l_{22} + \varepsilon_{33}l_{31}l_{32} + \varepsilon_{12}(l_{21}l_{12} + l_{11}l_{22}) \\
&\quad + \varepsilon_{23}(l_{31}l_{22} + l_{21}l_{32}) + \varepsilon_{13}(l_{11}l_{32} + l_{31}l_{12})
\end{aligned}
\tag{7-34}
$$

我们特别关心的是旋转张量

$$\omega'_{ij} = \begin{bmatrix} \omega'_{11} & \omega'_{12} & \omega'_{13} \\ \omega'_{21} & \omega'_{22} & \omega'_{23} \\ \omega'_{31} & \omega'_{32} & \omega'_{33} \end{bmatrix}$$

$$= \begin{bmatrix} l_{11} & l_{21} & l_{31} \\ l_{12} & l_{22} & l_{32} \\ l_{13} & l_{23} & l_{33} \end{bmatrix} \begin{bmatrix} 0 & \omega_3 & -\omega_2 \\ -\omega_3 & 0 & \omega_1 \\ \omega_2 & -\omega_1 & 0 \end{bmatrix} \begin{bmatrix} l_{11} & l_{12} & l_{13} \\ l_{21} & l_{22} & l_{23} \\ l_{31} & l_{32} & l_{33} \end{bmatrix} \tag{7-35}$$

利用式（7-30）和式（7-33），可得旋转张量的对角线分量

$$\omega'_{11} = q'_{11} - \varepsilon'_{11} = 0 \tag{7-36}$$

式（7-36）的关系对于旋转张量的另外两个对角线分量 ω'_{22} 和 ω'_{33} 同样成立。这证明了反对称的旋转张量的对角线分量为 0。该性质不随坐标系改变而改变。将式（7-31）和式（7-34）代入，可得非 0 旋转分量，例如，

$$
\begin{aligned}
\omega'_{12} = \omega'_3 &= q'_{12} - \varepsilon'_{12} \\
&= (q_{21} - \varepsilon_{12})l_{21}l_{12} + (q_{31} - \varepsilon_{13})l_{31}l_{12} + (q_{12} - \varepsilon_{12})l_{11}l_{22} \\
&\quad + (q_{32} - \varepsilon_{23})l_{31}l_{22} + (q_{13} - \varepsilon_{13})l_{11}l_{32} + (q_{23} - \varepsilon_{23})l_{21}l_{32} \\
&= \omega_{21}l_{21}l_{12} + \omega_{31}l_{31}l_{12} + \omega_{12}l_{11}l_{22} + \omega_{32}l_{31}l_{22} + \omega_{13}l_{11}l_{32} + \omega_{23}l_{21}l_{32} \\
&= -\omega_3 l_{21}l_{12} + \omega_2 l_{31}l_{12} + \omega_3 l_{11}l_{22} - \omega_1 l_{31}l_{22} - \omega_2 l_{11}l_{32} + \omega_1 l_{21}l_{32}
\end{aligned}
\tag{7-37}
$$

由式（7-37）可以看到：一般地，$\omega'_3 \neq \omega_3$。这就是说，当三维坐标系发生转动时，旋转张量的分量将发生变化。这与二维情形不同。但是，旋转作为一个客观存在，其整体是确定的，不会随坐标系转动而改变。

一般地，总可以找到 l_{ij}，使

$$
\begin{aligned}
q'_{ij} &= l_{ij}^T q_{ij} l_{ij} \\
&= \begin{bmatrix} l_{11} & l_{21} & l_{31} \\ l_{12} & l_{22} & l_{32} \\ l_{13} & l_{23} & l_{33} \end{bmatrix} \begin{bmatrix} q_{11} & q_{12} & q_{13} \\ q_{21} & q_{22} & q_{23} \\ q_{31} & q_{32} & q_{33} \end{bmatrix} \begin{bmatrix} l_{11} & l_{12} & l_{13} \\ l_{21} & l_{22} & l_{23} \\ l_{31} & l_{32} & l_{33} \end{bmatrix} \\
&= \begin{bmatrix} q'_{11} & q'_{12} & q'_{13} \\ 0 & q'_{22} & q'_{23} \\ 0 & 0 & q'_{33} \end{bmatrix}
\end{aligned}
\tag{7-38}
$$

即 q'_{ij} 为三角形矩阵。其中，3 个 0 元素提供了 3 个方程。在新坐标系中，3 个坐标轴方向就指向 3 个旋转方位，剪应变与对应的旋转相等。

理论上，余弦方阵中的所有 9 个分量存在如下关系：

$$\begin{cases} l_{11}^2 + l_{21}^2 + l_{31}^2 = 1 \\ l_{12}^2 + l_{22}^2 + l_{32}^2 = 1 \\ l_{13}^2 + l_{23}^2 + l_{33}^2 = 1 \end{cases} \qquad (7-39)$$

和

$$\begin{cases} l_{11}^2 + l_{12}^2 + l_{13}^2 = 1 \\ l_{21}^2 + l_{22}^2 + l_{23}^2 = 1 \\ l_{31}^2 + l_{32}^2 + l_{33}^2 = 1 \end{cases} \qquad (7-40)$$

这里的 6 个方程加上式（7-38）提供的 3 个方程，共有 9 个方程，我们就可以解 l_{ij} 中的全部 9 个未知量。

请注意，这样解出的 l_{ij} 与主应变问题的主轴方向余弦不同。

7.2.2　特征值和特征矢量

特征值（Eigenvalue）和特征向量（eigenvector）是线性代数和矩阵分析理论中的两个重要概念。三维情形的主应变和应变主方向与这两个概念有直接的联系。设矢量

$$A = \begin{bmatrix} a_1 \\ a_2 \\ a_3 \end{bmatrix} \neq 0 \qquad (7-41)$$

在传统的对称线弹性理论中，由方程

$$\varepsilon_{ij} A = \lambda' A \qquad (7-42)$$

决定的常数 λ' 就是对称应变张量 ε_{ij} 的特征值，也就是主应变值，而 A 就是其特征矢量，即与主应变对应的方向矢量。

求解特征值 λ' 的方程由矩阵 $\varepsilon_{ij} - \lambda' I$ 的行列式给出：

$$\left| \varepsilon_{ij} - \lambda' I \right| = \begin{vmatrix} \varepsilon_{11} - \lambda' & \varepsilon_{12} & \varepsilon_{13} \\ \varepsilon_{12} & \varepsilon_{22} - \lambda' & \varepsilon_{23} \\ \varepsilon_{13} & \varepsilon_{23} & \varepsilon_{33} - \lambda' \end{vmatrix} = 0 \quad (7-43)$$

其中，I 为单位张量。将式 (7-43) 展开，得到一个一元三次方程

$$\lambda'^3 - I_1 \lambda'^2 + I_2 \lambda' - I_3 = 0 \quad (7-44)$$

其中，

$$\begin{cases} I_1 = \varepsilon_{11} + \varepsilon_{22} + \varepsilon_{33} \\ I_2 = \begin{vmatrix} \varepsilon_{11} & \varepsilon_{12} \\ \varepsilon_{12} & \varepsilon_{22} \end{vmatrix} + \begin{vmatrix} \varepsilon_{22} & \varepsilon_{23} \\ \varepsilon_{23} & \varepsilon_{33} \end{vmatrix} + \begin{vmatrix} \varepsilon_{11} & \varepsilon_{13} \\ \varepsilon_{13} & \varepsilon_{33} \end{vmatrix} \\ I_3 = \begin{vmatrix} \varepsilon_{11} & \varepsilon_{12} & \varepsilon_{13} \\ \varepsilon_{12} & \varepsilon_{22} & \varepsilon_{23} \\ \varepsilon_{13} & \varepsilon_{23} & \varepsilon_{33} \end{vmatrix} \end{cases} \quad (7-45)$$

I_1、I_2 和 I_3 分别称为应变张量 ε_{ij} 的一阶、二阶和三阶不变量（例如，钱伟长和叶开沅，1956）。

可以证明，对于对称的应变张量 ε_{ij}，3 个特征值都只能是实数，并且 3 个特征矢量互相垂直（例如 Fung，1965）。代数值最大的主应变称为最大主应变，代数值最小的主应变称为最小主应变。介于两者之间的主应变称为中间主应变。由方程 (7-44) 解出 3 个特征值，就得到一个对角矩阵（张量），主对角线上的 3 个元素是特征值，其余元素皆为 0。给定一个特征值，由方程 (7-42) 确定的特征矢量实际上只规定了其 3 个元素的比例，经过归一化处理后，才给出各主应变的方向余弦。这里给出一个求解特征矢量的完备且平衡的方法。

将方程 (7-42) 改写为

$$(\varepsilon_{ij} - \lambda' I) A = \begin{bmatrix} \varepsilon_{11} - \lambda' & \varepsilon_{12} & \varepsilon_{13} \\ \varepsilon_{12} & \varepsilon_{22} - \lambda' & \varepsilon_{23} \\ \varepsilon_{13} & \varepsilon_{23} & \varepsilon_{33} - \lambda' \end{bmatrix} \begin{bmatrix} a_1 \\ a_2 \\ a_3 \end{bmatrix} = 0 \quad (7-46)$$

由此得到方程组

$$
\begin{cases}
(\varepsilon_{11} - \lambda')a_1 + \varepsilon_{12}a_2 + \varepsilon_{13}a_3 = 0 \\
\varepsilon_{12}a_1 + (\varepsilon_{22} - \lambda')a_2 + \varepsilon_{23}a_3 = 0 \\
\varepsilon_{13}a_1 + \varepsilon_{23}a_2 + (\varepsilon_{33} - \lambda')a_3 = 0
\end{cases}
\tag{7-47}
$$

要求解的未知量为 A 的 3 个元素 (a_1, a_2, a_3)。方程组 (7-47) 是线性相关的，其中只有两个独立方程。因此，根据该方程组，只能给出三个元素之间的比例关系。我们的思路是，先求出 $a_1 : a_2$，再求出 $a_2 : a_3$，然后给出 $a_1 : a_2 : a_3$。

先来求 $a_1 : a_2$。为此要在方程组 (7-44) 中消除有 a_3 的项。为给出完备且平衡的解，我们要分别用方程 1 和方程 2、方程 2 和方程 3 以及方程 3 和方程 1 得到 3 个 a_1 与 a_2 的关系式：

$$
\begin{cases}
\varepsilon_{23}(\varepsilon_{11} - \lambda')a_1 + \varepsilon_{12}\varepsilon_{23}a_2 - \varepsilon_{12}\varepsilon_{13}a_1 - \varepsilon_{13}(\varepsilon_{22} - \lambda')a_2 = 0 \\
\varepsilon_{12}(\varepsilon_{33} - \lambda')a_1 + (\varepsilon_{22} - \lambda')(\varepsilon_{33} - \lambda')a_2 - \varepsilon_{13}\varepsilon_{23}a_1 - \varepsilon_{23}^2 a_2 = 0 \\
\varepsilon_{13}^2 a_1 + \varepsilon_{13}\varepsilon_{23}a_2 - (\varepsilon_{11} - \lambda')(\varepsilon_{33} - \lambda')a_1 - \varepsilon_{12}(\varepsilon_{33} - \lambda')a_2 = 0
\end{cases}
\tag{7-48}
$$

即

$$
\begin{cases}
\varepsilon_{23}(\varepsilon_{11} - \lambda')a_1 - \varepsilon_{12}\varepsilon_{13}a_1 = \varepsilon_{13}(\varepsilon_{22} - \lambda')a_2 - \varepsilon_{12}\varepsilon_{23}a_2 \\
\varepsilon_{12}(\varepsilon_{33} - \lambda')a_1 - \varepsilon_{13}\varepsilon_{23}a_1 = \varepsilon_{23}^2 a_2 - (\varepsilon_{22} - \lambda')(\varepsilon_{33} - \lambda')a_2 \\
\varepsilon_{13}^2 a_1 - (\varepsilon_{11} - \lambda')(\varepsilon_{33} - \lambda')a_1 = \varepsilon_{12}(\varepsilon_{33} - \lambda')a_2 - \varepsilon_{13}\varepsilon_{23}a_2
\end{cases}
\tag{7-49}
$$

将式 (7-49) 的 3 个方程叠加，得到

$$
\frac{a_1}{a_2} = \frac{A_1}{A_2}
\tag{7-50}
$$

其中，

$$
\begin{cases}
A_1 = \varepsilon_{12}(\varepsilon_{33} - \lambda') + \varepsilon_{23}^2 + \varepsilon_{13}(\varepsilon_{22} - \lambda') \\
\qquad - \varepsilon_{12}\varepsilon_{23} - (\varepsilon_{22} - \lambda')(\varepsilon_{33} - \lambda') - \varepsilon_{13}\varepsilon_{23} \\
A_2 = \varepsilon_{12}(\varepsilon_{33} - \lambda') + \varepsilon_{23}(\varepsilon_{11} - \lambda') + \varepsilon_{13}^2 \\
\qquad - \varepsilon_{12}\varepsilon_{13} - \varepsilon_{13}\varepsilon_{23} - (\varepsilon_{11} - \lambda')(\varepsilon_{33} - \lambda')
\end{cases}
\tag{7-51}
$$

再来求 a_2：a_3。为此要在方程组（7-44）中消除有 a_1 的项。同样，要分别用方程 1 和 2、方程 2 和 3 以及方程 3 和 1 得到 3 个 a_2 与 a_3 的关系式：

$$\begin{cases} \varepsilon_{12}^2 a_2 + \varepsilon_{12}\varepsilon_{13}a_3 - (\varepsilon_{11} - \lambda')(\varepsilon_{22} - \lambda')a_2 - \varepsilon_{23}(\varepsilon_{11} - \lambda')a_3 = 0 \\ \varepsilon_{13}(\varepsilon_{22} - \lambda')a_2 + \varepsilon_{13}\varepsilon_{23}a_3 - \varepsilon_{12}\varepsilon_{23}a_2 - \varepsilon_{12}(\varepsilon_{33} - \lambda')a_3 = 0 \\ \varepsilon_{23}(\varepsilon_{11} - \lambda')a_2 + (\varepsilon_{11} - \lambda')(\varepsilon_{33} - \lambda')a_3 - \varepsilon_{12}\varepsilon_{13}a_2 - \varepsilon_{13}^2 a_3 = 0 \end{cases}$$

$$(7-52)$$

即

$$\begin{cases} \varepsilon_{12}^2 a_2 - (\varepsilon_{11} - \lambda')(\varepsilon_{22} - \lambda')a_2 = \varepsilon_{23}(\varepsilon_{11} - \lambda')a_3 - \varepsilon_{12}\varepsilon_{13}a_3 \\ \varepsilon_{13}(\varepsilon_{22} - \lambda')a_2 - \varepsilon_{12}\varepsilon_{23}a_2 = \varepsilon_{12}(\varepsilon_{33} - \lambda')a_3 - \varepsilon_{13}\varepsilon_{23}a_3 \\ \varepsilon_{23}(\varepsilon_{11} - \lambda')a_2 - \varepsilon_{12}\varepsilon_{13}a_2 = \varepsilon_{13}^2 a_3 - (\varepsilon_{11} - \lambda')(\varepsilon_{33} - \lambda')a_3 \end{cases}$$

$$(7-53)$$

将式（7-50）的三个方程叠加，得到

$$\frac{a_2}{a_3} = \frac{A_2}{A_3} \tag{7-54}$$

其中，

$$\begin{cases} A_2 = \varepsilon_{12}(\varepsilon_{33} - \lambda') + \varepsilon_{23}(\varepsilon_{11} - \lambda') + \varepsilon_{13}^2 \\ \qquad - \varepsilon_{12}\varepsilon_{13} - \varepsilon_{13}\varepsilon_{23} - (\varepsilon_{11} - \lambda')(\varepsilon_{33} - \lambda') \\ A_3 = \varepsilon_{12}^2 + \varepsilon_{23}(\varepsilon_{11} - \lambda') + \varepsilon_{13}(\varepsilon_{22} - \lambda') \\ \qquad - (\varepsilon_{11} - \lambda')(\varepsilon_{22} - \lambda') - \varepsilon_{12}\varepsilon_{23} - \varepsilon_{12}\varepsilon_{13} \end{cases}$$

$$(7-55)$$

注意到式（7-51）和式（7-55）中的 A_2 相同，联立式（7-50）和式（7-54），就得到

$$a_1 : a_2 : a_3 = A_1 : A_2 : A_3 \tag{7-56}$$

利用关系式

$$a_1^2 + a_2^2 + a_3^2 = 1 \qquad (7-57)$$

进行归一化处理，进一步得到与特征值 λ' 对应的旋转矢量的 3 个方向余弦

$$\begin{cases} l_1 = \dfrac{a_1}{\sqrt{a_1^2 + a_2^2 + a_3^2}} = \dfrac{A_1}{\sqrt{A_1^2 + A_2^2 + A_3^2}} \\[3mm] l_2 = \dfrac{a_2}{\sqrt{a_1^2 + a_2^2 + a_3^2}} = \dfrac{A_2}{\sqrt{A_1^2 + A_2^2 + A_3^2}} \\[3mm] l_3 = \dfrac{a_3}{\sqrt{a_1^2 + a_2^2 + a_3^2}} = \dfrac{A_3}{\sqrt{A_1^2 + A_2^2 + A_3^2}} \end{cases} \qquad (7-58)$$

分别给定 3 个主应变值（特征值），求出相应的 A_1、A_2 和 A_3，就能求出所有主应变的方向余弦。

　　对于非对称线弹性理论，非对称应变张量 q_{ij} 的特征值和特征矢量由

$$q_{ij}A = \lambda A \qquad (7-59)$$

决定。类似地，求解特征值 λ 的方程由

$$\lambda^3 - I_1\lambda^2 + I_2\lambda - I_3 = 0 \qquad (7-60)$$

给出。其中，3 个不变量

$$\begin{cases} I_1 = q_{11} + q_{22} + q_{33} \\[2mm] I_2 = \begin{vmatrix} q_{11} & q_{12} \\ q_{21} & q_{22} \end{vmatrix} + \begin{vmatrix} q_{22} & q_{23} \\ q_{32} & q_{33} \end{vmatrix} + \begin{vmatrix} q_{11} & q_{13} \\ q_{31} & q_{33} \end{vmatrix} \\[4mm] I_3 = \begin{vmatrix} q_{11} & q_{12} & q_{13} \\ q_{21} & q_{22} & q_{23} \\ q_{31} & q_{32} & q_{33} \end{vmatrix} \end{cases} \qquad (7-61)$$

　　重要的是，考虑到应变张量和方向矢量的物理意义，矩阵 q_{ij} 和矢量 A 中的元素都必须是实数。

令 $\lambda = \lambda' + \lambda''$，式（7-59）变为

$$(\varepsilon_{ij} + \omega_{ij})A = (\lambda' + \lambda'')A \qquad (7-62)$$

即有

$$\varepsilon_{ij}A + \omega_{ij}A = \lambda'A + \lambda''A \qquad (7-63)$$

对照式（7-42），我们得到

$$\omega_{ij}A = \lambda''A \qquad (7-64)$$

求解特征值 λ'' 的方程由

$$|\omega_{ij} - \lambda''I| = \begin{vmatrix} -\lambda'' & \omega_3 & -\omega_2 \\ -\omega_3 & -\lambda'' & \omega_1 \\ \omega_2 & -\omega_1 & -\lambda'' \end{vmatrix} = 0 \qquad (7-65)$$

即

$$-\lambda''^3 - \lambda''(\omega_1^2 + \omega_2^2 + \omega_3^2) = 0 \qquad (7-66)$$

给出。显然，方程（7-66）的解为

$$\begin{cases} \lambda''_1 = 0 \\ \lambda''_2 = i\sqrt{\omega_1^2 + \omega_2^2 + \omega_3^2} \\ \lambda''_3 = -i\sqrt{\omega_1^2 + \omega_2^2 + \omega_3^2} \end{cases} \qquad (7-67)$$

根据式（7-64），当 $\lambda'' = \lambda''_1 = 0$ 时，我们有

$$\begin{bmatrix} 0 & \omega_3 & -\omega_2 \\ -\omega_3 & 0 & \omega_1 \\ \omega_2 & -\omega_1 & 0 \end{bmatrix} \begin{bmatrix} a_1 \\ a_2 \\ a_3 \end{bmatrix} = \begin{bmatrix} \omega_3 a_2 - \omega_2 a_3 \\ -\omega_3 a_1 + \omega_1 a_3 \\ \omega_2 a_1 - \omega_1 a_2 \end{bmatrix} = 0 \qquad (7-68)$$

由此得到

$$a_1 : a_2 : a_3 = \omega_1 : \omega_2 : \omega_3 \qquad (7-69)$$

这正是旋转矢量。进行归一化处理，即得到旋转矢量的 3 个方向余弦

$$\begin{cases} l_1 = \dfrac{a_1}{\sqrt{a_1^2 + a_2^2 + a_3^2}} = \dfrac{\omega_1}{\sqrt{\omega_1^2 + \omega_2^2 + \omega_3^2}} \\[4mm] l_2 = \dfrac{a_2}{\sqrt{a_1^2 + a_2^2 + a_3^2}} = \dfrac{\omega_2}{\sqrt{\omega_1^2 + \omega_2^2 + \omega_3^2}} \\[4mm] l_3 = \dfrac{a_3}{\sqrt{a_1^2 + a_2^2 + a_3^2}} = \dfrac{\omega_3}{\sqrt{\omega_1^2 + \omega_2^2 + \omega_3^2}} \end{cases} \qquad (7-70)$$

因为方向矢量的元素不能是复数，所以不能用两个虚数 λ''_2 和 λ''_3 来求解特征矢量。我们知道，旋转是矢量，只有一个特征矢量，即与 $\lambda'' = \lambda''_1 = 0$ 对应。λ''_2 和 λ''_3 给出了旋转矢量的大小，并且说明旋转可以有两个相反的方向。

实际上，用特征值和特征矢量来研究旋转是没有必要的。当 $q_{ij} = \varepsilon_{ij} + \omega_{ij}$ 已知时，旋转的大小和方向都可以直接求出。

7.2.3　应变率主方向

理论上，在三维情形中，通过用观测应变变化分别计算 3 个坐标平面内的旋转分量，可以最终给出整个旋转矢量。

在 (x_1, x_2) 平面内，将 Φ 改写为 Φ_3，与 ω_3 对应。类似地，在 (x_2, x_3) 和 (x_3, x_1) 平面内，分别有 Φ_1 和 Φ_2，计算 3 个应变率主方向的公式为

$$\begin{cases} \Phi_1 = \dfrac{1}{2} \arctan \dfrac{2\mathrm{d}\varepsilon_{23}}{\mathrm{d}(\varepsilon_{22} - \varepsilon_{33})} \\[4mm] \Phi_2 = \dfrac{1}{2} \arctan \dfrac{2\mathrm{d}\varepsilon_{13}}{\mathrm{d}(\varepsilon_{33} - \varepsilon_{11})} \\[4mm] \Phi_3 = \dfrac{1}{2} \arctan \dfrac{2\mathrm{d}\varepsilon_{12}}{\mathrm{d}(\varepsilon_{11} - \varepsilon_{22})} \end{cases} \qquad (7-71)$$

在此基础上，分别计算旋转矢量的各分量

$$\begin{cases} \omega_1 = \varepsilon_{23}\cos2\Phi_1 - \dfrac{1}{2}(\varepsilon_{22} - \varepsilon_{33})\sin2\Phi_1 \\[2mm] \omega_2 = \varepsilon_{13}\cos2\Phi_2 - \dfrac{1}{2}(\varepsilon_{33} - \varepsilon_{11})\sin2\Phi_2 \\[2mm] \omega_3 = \varepsilon_{12}\cos2\Phi_3 - \dfrac{1}{2}(\varepsilon_{11} - \varepsilon_{22})\sin2\Phi_3 \end{cases} \qquad (7-72)$$

于是，整个旋转矢量 $\omega_i = (\omega_1,\ \omega_2,\ \omega_3)$ 的大小为

$$\omega = \sqrt{\omega_1^2 + \omega_2^2 + \omega_3^2} \qquad (7-73)$$

整个旋转矢量的方向余弦为

$$(l_1,\ l_2,\ l_3) = \left(\frac{\omega_1}{\omega},\ \frac{\omega_2}{\omega},\ \frac{\omega_3}{\omega}\right) \qquad (7-74)$$

如果把旋转矢量写成

$$\begin{cases} \omega_1 = S_{\max1}\sin2(\phi_1 - \Phi_1) \\ \omega_2 = S_{\max2}\sin2(\phi_2 - \Phi_2) \\ \omega_3 = S_{\max3}\sin2(\phi_3 - \Phi_3) \end{cases} \qquad (7-75)$$

其中 ϕ_1、ϕ_2 和 ϕ_3 分别是 $(x_2,\ x_3)$、$(x_3,\ x_1)$ 和 $(x_1,\ x_2)$ 坐标平面内的应变主方向，那么，

$$\begin{cases} S_{\max1} = \dfrac{1}{2}(\varepsilon_1^{(1)} - \varepsilon_2^{(1)}) \\[2mm] S_{\max2} = \dfrac{1}{2}(\varepsilon_1^{(2)} - \varepsilon_2^{(2)}) \\[2mm] S_{\max3} = \dfrac{1}{2}(\varepsilon_1^{(3)} - \varepsilon_2^{(3)}) \end{cases} \qquad (7-76)$$

这里需要说明的是，$\varepsilon_1^{(1)}$ 和 $\varepsilon_2^{(1)}$、$\varepsilon_1^{(2)}$ 和 $\varepsilon_2^{(2)}$ 以及 $\varepsilon_1^{(3)}$ 和 $\varepsilon_2^{(3)}$ 分别是 $(x_2,\ x_3)$、$(x_3,\ x_1)$ 和 $(x_1,\ x_2)$ 坐标平面内的最大和最小主应变，与三维应变张量的 3 个特征值（主应变）不同。

第8章 弹性波的应变性质

对弹性波应变性质的说明，是非对称线弹性理论的一个重要贡献。传统的对称理论一般是从质点运动的角度来看待弹性波的。受限于观测手段，传统理论对波的应变性质研究很少。传统理论对旋转的研究甚至更少，这一方面是由于缺少对旋转的直接观测手段，另一方面是由于未将旋转纳入其核心体系。

非对称线弹性理论与传统理论的一个共识是：平面波最具普遍意义，也是最简单的一种弹性波。同时，平面波又是一种极端情况。对平面波进行深入研究，使我们能够得到一些非常基本而又十分重要的认识。

8.1 射线坐标系和平面波

为使对弹性波的研究简单化，在三维空间里，通常用到一个弹性波传播的射线直角坐标系 (x_1, x_2, x_3)，如图 8-1 所示。该坐标系的主要特点是，以射线 (ab) 为一个坐标轴 (x_1)。

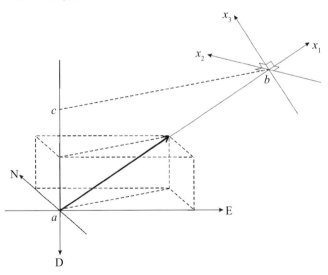

图 8-1 地理坐标系（N，E，D）和弹性波传播的射线坐标系 (x_1, x_2, x_3)

ab 表示波传播的射线

一般地，弹性波的传播是不停地从一个比较小的区域向周围发散到比较大的区域。对于某一个时刻，弹性波传播所涉及的区域的边界称为波前。波传播的射线方向，就是波前的法线方向。

所谓平面波，即波前为平面而其上所有点的振动都相同的波。例如地震，当地震波传播到离震源足够远时，通常就被近似看成平面波。

传统理论从质点运动的观点研究平面波，得到了一些基本的结论（例如，Bullen，1963；钱伟长和叶开沅，1956；Stein & Wysession，2003）。我们要借助这些结论进行深入分析。

设想平面波沿 x_1 轴以速度 c 传播，其位移矢量为

$$\boldsymbol{u} = \left(u_1(t - x_1/c),\ u_2(t - x_1/c),\ u_3(t - x_1/c) \right) \qquad (8-1)$$

由此可以得到平面波的全部非对称应变张量（Igel，et al.，2005）

$$
q_{ij} =
\begin{bmatrix}
\dfrac{\partial u_1}{\partial x_1} & \dfrac{\partial u_2}{\partial x_1} & \dfrac{\partial u_3}{\partial x_1} \\[2ex]
\dfrac{\partial u_1}{\partial x_2} & \dfrac{\partial u_2}{\partial x_2} & \dfrac{\partial u_3}{\partial x_2} \\[2ex]
\dfrac{\partial u_1}{\partial x_3} & \dfrac{\partial u_2}{\partial x_3} & \dfrac{\partial u_3}{\partial x_3}
\end{bmatrix}
$$
$$
=
\begin{bmatrix}
\dfrac{\partial u_1}{\partial x_1} & \dfrac{\partial u_2}{\partial x_1} & \dfrac{\partial u_3}{\partial x_1} \\[2ex]
0 & 0 & 0 \\[1ex]
0 & 0 & 0
\end{bmatrix}
\qquad (8-2)
$$

8.1.1 P 波和 S 波的应变偏量

根据现有的认识，我们可以假设，当只有体波时，沿某个方向传播的弹性波的所有非对称应变 q_{ij}，是 P 波应变 q_{ij}^{P} 和 S 波应变 q_{ij}^{S} 之和，即：

$$q_{ij} = q_{ij}^{\mathrm{P}} + q_{ij}^{\mathrm{S}} \qquad (8-3)$$

一般地，在直角坐标系中，可以将非对称应变张量分解成 3 部分：

$$q_{ij} = \frac{1}{3}\theta\delta_{ij} + \varepsilon_{ij}^{\mathrm{D}} + \omega_{ij} \qquad (8-4)$$

其中，等号右边的第一项球应变张量为

$$\frac{1}{3}\theta\delta_{ij} = \begin{bmatrix} \dfrac{1}{3}\theta & 0 & 0 \\ 0 & \dfrac{1}{3}\theta & 0 \\ 0 & 0 & \dfrac{1}{3}\theta \end{bmatrix} \qquad (8-5)$$

而第二项偏应变张量（应变偏量）为

$$\varepsilon_{ij}^{D} = \varepsilon_{ij} - \frac{1}{3}\theta\delta_{ij} = \begin{bmatrix} \varepsilon_{11} - \dfrac{1}{3}\theta & \varepsilon_{12} & \varepsilon_{13} \\ \varepsilon_{12} & \varepsilon_{22} - \dfrac{1}{3}\theta & \varepsilon_{23} \\ \varepsilon_{13} & \varepsilon_{23} & \varepsilon_{33} - \dfrac{1}{3}\theta \end{bmatrix} \qquad (8-6)$$

我们首先要解决的一个问题是：P 波和 S 波分别包含什么成分？这对于地震学研究是至关重要的。

根据 P 波和 S 波的性质，即 P 波没有旋转而 S 波没有体积变化，我们可以推断，P 波不能传播式（8-4）中的右边第三项旋转，而 S 波不能传播式（8-4）中的右边第一项体应变。剩下的问题是，第二项应变偏量如何传播？一个有普遍性的想当然的看法是，应变偏量全部由 S 波传播。然而这是不正确的。

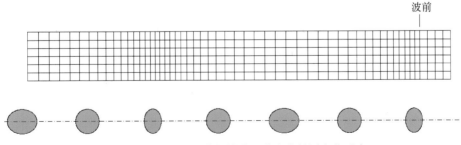

图 8-2　P 平面波的传播模式及其应变椭圆变化示意

图 8-2 所示是我们熟知的 P 平面波传播模式，只沿波的传播方向交替出现压缩和拉张。由此可以立刻判定 P 平面波的应变张量为

$$q_{ij}^{\mathrm{P}} = \begin{bmatrix} \dfrac{\partial u_1}{\partial x_1} & 0 & 0 \\ 0 & 0 & 0 \\ 0 & 0 & 0 \end{bmatrix} \qquad (8-7)$$

其中，$\dfrac{\partial u_1}{\partial x_1} = \theta$。相应地，图 8-3 所示为我们熟知的 S 平面波的传播模式，只有沿与传播方向垂直的 x_2 方向的位移。此时 S 波的应变张量为

$$q_{ij}^{\mathrm{S}} = \begin{bmatrix} 0 & \dfrac{\partial u_2}{\partial x_1} & 0 \\ 0 & 0 & 0 \\ 0 & 0 & 0 \end{bmatrix} \qquad (8-8)$$

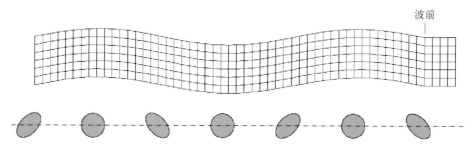

图 8-3　S 平面波的传播模式及其应变椭圆变化示意

现在来看应变偏量。由式（8-7）得到 P 波的球应变张量和应变偏量之和

$$q_{ij}^{\mathrm{P}} = \begin{bmatrix} \dfrac{1}{3}\dfrac{\partial u_1}{\partial x_1} & 0 & 0 \\ 0 & \dfrac{1}{3}\dfrac{\partial u_1}{\partial x_1} & 0 \\ 0 & 0 & \dfrac{1}{3}\dfrac{\partial u_1}{\partial x_1} \end{bmatrix} + \begin{bmatrix} \dfrac{2}{3}\dfrac{\partial u_1}{\partial x_1} & 0 & 0 \\ 0 & -\dfrac{1}{3}\dfrac{\partial u_1}{\partial x_1} & 0 \\ 0 & 0 & -\dfrac{1}{3}\dfrac{\partial u_1}{\partial x_1} \end{bmatrix}$$

$$(8-9)$$

由式（8-8）得到 S 波的应变偏量和旋转分量之和

$$q_{ij}^{\mathrm{S}} = \frac{1}{2}\begin{bmatrix} 0 & \dfrac{\partial u_2}{\partial x_1} & 0 \\ \dfrac{\partial u_2}{\partial x_1} & 0 & 0 \\ 0 & 0 & 0 \end{bmatrix} + \frac{1}{2}\begin{bmatrix} 0 & \dfrac{\partial u_2}{\partial x_1} & 0 \\ -\dfrac{\partial u_2}{\partial x_1} & 0 & 0 \\ 0 & 0 & 0 \end{bmatrix} \qquad (8-10)$$

式（8-9）右边的第二项是 P 波的应变偏量，式（8-10）右边的第一项是 S 波的应变偏量。由此可见，P 波应变和 S 波应变都含有应变偏量的成分。

我们看到，对于平面波，式（8-2）给出的 3 个非 0 偏微分是分成 P 波和 S 波两部分传播的：$\dfrac{\partial u_1}{\partial x_1}$ 由 P 波传播，而 $\dfrac{\partial u_2}{\partial x_1}$ 和 $\dfrac{\partial u_3}{\partial x_1}$ 由 S 波传播。由此可知，应该将式（8-1）修改成

$$\boldsymbol{u} = (u_1(t - x_1/\alpha),\ u_2(t - x_1/\beta),\ u_3(t - x_1/\beta)) \qquad (8-11)$$

8.1.2　变形协调条件的一个应用

介质的变形看起来是千姿百态的。但是，不是任何一种形式的变形都能真实存在并且以弹性波的方式传播开来。在非对称线弹性理论中，变形协调条件式（2-38）可以方便地用来判断一种形式的变形能否以弹性波的方式传播。

仍然设想平面波沿 x_1 轴传播，从而有 $\dfrac{\partial q_{ij}}{\partial x_1} \neq 0$ 以及 $\dfrac{\partial q_{ij}}{\partial x_2} = 0$ 和 $\dfrac{\partial q_{ij}}{\partial x_3} = 0$。

再来看纯粹的球应变张量：

$$\begin{bmatrix} q_{11} & q_{12} & q_{13} \\ q_{21} & q_{22} & q_{23} \\ q_{31} & q_{32} & q_{33} \end{bmatrix} = \begin{bmatrix} \dfrac{1}{3}\theta & 0 & 0 \\ 0 & \dfrac{1}{3}\theta & 0 \\ 0 & 0 & \dfrac{1}{3}\theta \end{bmatrix} \qquad (8-12)$$

我们只需考察 3 个非 0 分量的变形协调条件。此时，虽然 $\dfrac{\partial q_{11}}{\partial x_2}$（$=0$）$= \dfrac{\partial q_{21}}{\partial x_1}$（$=0$），

但是$\dfrac{\partial q_{22}}{\partial x_1}$（$\neq 0$）$\neq \dfrac{\partial q_{12}}{\partial x_2}$（$=0$），并且$\dfrac{\partial q_{33}}{\partial x_1}$（$\neq 0$）$\neq \dfrac{\partial q_{13}}{\partial x_3}$（$=0$）。因此，纯粹的球应变是不能单独存在和传播的。

再来看纯粹的旋转张量：

$$\begin{bmatrix} q_{11} & q_{12} & q_{13} \\ q_{21} & q_{22} & q_{23} \\ q_{31} & q_{32} & q_{33} \end{bmatrix} = \begin{bmatrix} 0 & \omega_3 & -\omega_2 \\ -\omega_3 & 0 & \omega_1 \\ \omega_2 & -\omega_1 & 0 \end{bmatrix} \tag{8-13}$$

仍然只考察非 0 分量。此时，虽然$\dfrac{\partial q_{23}}{\partial x_3}$（$=0$）$= \dfrac{\partial q_{33}}{\partial x_2}$（$=0$），但是$\dfrac{\partial q_{12}}{\partial x_2}$（$=0$）$\neq$ $\dfrac{\partial q_{22}}{\partial x_1}$（$\neq 0$），并且$\dfrac{\partial q_{13}}{\partial x_2}$（$=0$）$\neq \dfrac{\partial q_{23}}{\partial x_1}$（$\neq 0$）。因此，纯粹的旋转也不能单独存在和传播。

相比之下，因为$\dfrac{\partial q_{11}}{\partial x_2}$（$=0$）$= \dfrac{\partial q_{21}}{\partial x_1}$（$=0$），所以由式（8-7）规定的 P 波是能单独存在和传播的。同理，因为$\dfrac{\partial q_{12}}{\partial x_2}$（$=0$）$= \dfrac{\partial q_{22}}{\partial x_1}$（$=0$），所以由式（8-8）规定的 S 波也能单独存在和传播。

8.1.3　P 波和 S 波的应变分量

在一个对称应变张量中，我们称对角线上的元素ε_{11}、ε_{22}和ε_{33}为正应变分量，称不在对角线上的那些元素ε_{12}、ε_{13}和ε_{23}为剪应变分量。两个容易混淆的概念是，剪应变（剪切变形）和剪应变分量。剪应变是一个物理现象，而剪应变分量是一个数学概念。

我们以静态受力平衡情况为例进行讨论。

如图 8-4(a) 所示，受力前的一个圆形在受力后变成椭圆形，就有剪应变。这就是剪应变的物理现象。如图 8-4(b) 所示，作为数学概念，剪应变分量的关键性质是，它是针对一个平面的，其量值与平面的方向直接相关。在一般的方向上，剪应变分量不等于 0，但是当这个方向正好是椭圆的长轴或短轴方向时，剪应变分量就等于 0。

出现了剪应变的物理现象，就必然有非 0 的应变偏量。也就是说，剪应变这个物理现象与数学的应变偏量概念对应。

由以上讨论可知，无论是 S 波还是 P 波，都存在圆变成椭圆的现象，因而都含有剪应变。

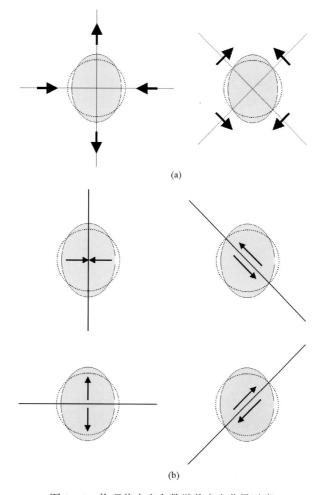

(a)

(b)

图 8 - 4　物理剪应变和数学剪应变分量示意

（a）物理的静态剪应变：左和右两种力的作用方式变形效果相同；

（b）数学的静态剪应变分量：在不同方向的面上有不同的应变分量

　　剪应变分量与方向直接相关的性质，决定了它的量值与坐标系直接相关。实际上，观测地震波应变变化的应变仪一般不是在射线坐标系中记录地震波的。我们通常要在地理坐标系中换算给出各应变分量的观测值。换算给出的 P 波观测应变张量为

$$\varepsilon'^{P} = \begin{bmatrix} \varepsilon_{N} & \varepsilon_{NE} & \varepsilon_{DN} \\ \varepsilon_{NE} & \varepsilon_{E} & \varepsilon_{ED} \\ \varepsilon_{DN} & \varepsilon_{ED} & \varepsilon_{D} \end{bmatrix} = l_{ij}^{T} \varepsilon^{P} l_{ij} \qquad (8-14)$$

其中，(l_{11}, l_{21}, l_{31})、(l_{12}, l_{22}, l_{32}) 和 (l_{13}, l_{23}, l_{33}) 分别是 3 个地理坐标系的轴在射线坐标系中的方向余弦（钱伟长和叶开沅，1956）。

由式（8-7）和式（8-9）可见，在射线坐标系中，P 平面波是没有任何剪应变分量的，即其所有剪应变分量都等于 0。但是，在地理坐标系中，情况就不是这样了。根据式（8-14），由射线坐标系换算到地理坐标系的应变张量的各分量为

$$
\begin{cases}
\varepsilon_{\mathrm{N}} = \varepsilon_{11} l_{11}^2 + \varepsilon_{22} l_{21}^2 + \varepsilon_{33} l_{31}^2 + 2\varepsilon_{12} l_{11} l_{21} + 2\varepsilon_{23} l_{21} l_{31} \\
\qquad + 2\varepsilon_{13} l_{31} l_{11} \\
\varepsilon_{\mathrm{E}} = \varepsilon_{11} l_{12}^2 + \varepsilon_{22} l_{22}^2 + \varepsilon_{33} l_{32}^2 + 2\varepsilon_{12} l_{12} l_{22} + 2\varepsilon_{23} l_{22} l_{32} \\
\qquad + 2\varepsilon_{13} l_{32} l_{12} \\
\varepsilon_{\mathrm{D}} = \varepsilon_{11} l_{13}^2 + \varepsilon_{22} l_{23}^2 + \varepsilon_{33} l_{33}^2 + 2\varepsilon_{12} l_{13} l_{23} + 2\varepsilon_{23} l_{23} l_{33} \\
\qquad + 2\varepsilon_{13} l_{33} l_{13} \\
\varepsilon_{\mathrm{NE}} = \varepsilon_{11} l_{11} l_{12} + \varepsilon_{22} l_{21} l_{22} + \varepsilon_{33} l_{31} l_{32} + \varepsilon_{12}(l_{11} l_{22} + l_{21} l_{12}) \\
\qquad + \varepsilon_{23}(l_{21} l_{32} + l_{31} l_{22}) + \varepsilon_{13}(l_{31} l_{12} + l_{11} l_{32}) \\
\varepsilon_{\mathrm{ED}} = \varepsilon_{11} l_{12} l_{13} + \varepsilon_{22} l_{22} l_{23} + \varepsilon_{33} l_{32} l_{33} + \varepsilon_{12}(l_{12} l_{23} + l_{22} l_{13}) \\
\qquad + \varepsilon_{23}(l_{22} l_{33} + l_{32} l_{23}) + \varepsilon_{13}(l_{32} l_{13} + l_{12} l_{33}) \\
\varepsilon_{\mathrm{DN}} = \varepsilon_{11} l_{13} l_{11} + \varepsilon_{22} l_{23} l_{21} + \varepsilon_{33} l_{33} l_{31} + \varepsilon_{12}(l_{13} l_{21} + l_{23} l_{11}) \\
\qquad + \varepsilon_{23}(l_{23} l_{31} + l_{33} l_{21}) + \varepsilon_{13}(l_{33} l_{11} + l_{13} l_{31})
\end{cases}
\tag{8-15}
$$

由公式（8-15）可见，在 P 平面波中，因为 $\varepsilon_{11} = \dfrac{\partial u_1}{\partial x_1} \neq 0$，所以即使在射线坐标系中剪应变分量都等于 0，地理坐标系的各应变分量也可以不为 0：正应变分量 $(\varepsilon_{\mathrm{N}}, \varepsilon_{\mathrm{E}}, \varepsilon_{\mathrm{D}})$ 不为 0，剪应变分量 $(\varepsilon_{\mathrm{NE}}, \varepsilon_{\mathrm{ED}}, \varepsilon_{\mathrm{DN}})$ 也不为 0。

类似地，也仅仅在射线坐标系中，S 平面波的正应变分量才为 0，见式（8-8）和式（8-10）。在地理坐标系中，根据式（8-15），因为 $\varepsilon_{12} = \dfrac{1}{2} \dfrac{\partial u_2}{\partial x_1} \neq 0$

和 $\varepsilon_{13} = \dfrac{1}{2} \dfrac{\partial u_3}{\partial x_1} \neq 0$，所以即使射线坐标系的所有正应变分量都等于 0，地理坐标系的 S 波应变的各分量也可以不为 0：剪应变分量 $(\varepsilon_{\mathrm{NE}}, \varepsilon_{\mathrm{ED}}, \varepsilon_{\mathrm{DN}})$ 不为 0，正应变分量 $(\varepsilon_{\mathrm{N}}, \varepsilon_{\mathrm{E}}, \varepsilon_{\mathrm{D}})$ 也不为 0。

8.1.4　S 波的非对称性

对旋转的讨论是非对称线弹性理论的特长。对称的传统线弹性理论受到应力

对称假设的制约，无法对平面波的旋转问题进行深入讨论。

以图 8-4 所示的 S 平面波模式为例，该模式看起来简单，实际上与传统理论有严重的矛盾。

首先，这里有没有旋转？显然，根据式（8-10），这里有旋转。图 8-5 在图 8-4 的基础上给出了 S 波的旋转示意。

接下来的问题是：旋转是如何产生的？传统理论因为没有与旋转相关的胡克定律，所以对这个问题是无法回答的。

对照图 8-5 中的变形图（上）和应变图（下），我们可以凭常识判断旋转的方向是正确的。这个常识就是：当变形沿竖直面为"顺扭"时，旋转应该是顺时针方向的；当变形沿竖直面为"反扭"时，旋转应该是逆时针方向的。但是，这个常识没有反映在传统的线弹性理论中。

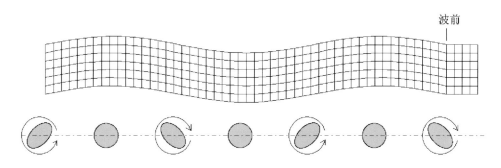

图 8-5　S 平面波的传播模式及其应变和旋转变化

仔细审查流行的 S 波的传播模式，可以发现这个模式是非对称的，并且是极端地非对称。

例如，根据式（8-8），在 S 波的应变张量中，$q_{12} \neq 0$ 而 $q_{21} \equiv 0$。它对应的情况是：只有平行于竖直面的剪应变，因而水平面都在变形（图 8-5）；与此同时，这里的"竖直面"与波前平行，不能变形。如果垂直于竖直面也有剪应变，那么竖直面将变形，平面波的前提将被推翻。

这种非对称性必须用非对称理论来解释。回顾非对称应力产生非对称应变的式（6-13），我们有

$$\begin{cases} q_{12} = \dfrac{\mu_1}{\mu_1^2 - \mu_2^2}\, p_{12} - \dfrac{\mu_2}{\mu_1^2 - \mu_2^2}\, p_{21} \\[3mm] q_{21} = \dfrac{\mu_1}{\mu_1^2 - \mu_2^2}\, p_{21} - \dfrac{\mu_2}{\mu_1^2 - \mu_2^2}\, p_{12} \end{cases} \quad (8-16)$$

因为 p_{12} 与 p_{21} 是互相独立的，而 μ_1 与 μ_2 也是互相独立的，所以，仅当 $p_{12} \neq 0$ 和 $\mu_1 \neq 0$、而 $p_{21} \equiv 0$ 和 $\mu_2 = 0$ 时，才可能有 $q_{12} \neq 0$ 而 $q_{21} \equiv 0$。此时，根据公式（8-16），有

$$q_{12} = \frac{1}{\mu_1} p_{12} \qquad (8-17)$$

同理，还有

$$q_{13} = \frac{1}{\mu_1} p_{13} \qquad (8-18)$$

与式（8-17）对应的情形如图 8-6。图 8-6 所示的情形虽说极端，但与我们的常识相符。

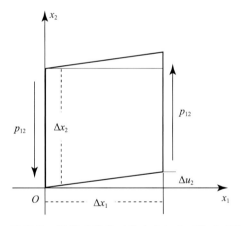

图 8-6　流行的 S 波模式的非对称应力与非对称应变关系示意
这里请注意：$p_{21} = 0$，$q_{21} = 0$

我们可以继续推理。根据式（2-14），此时还有应力矩

$$\begin{cases} \eta_{12} = \dfrac{1}{2}(p_{12} - p_{21}) = \dfrac{1}{2} p_{12} \\[2mm] \eta_{13} = \dfrac{1}{2}(p_{13} - p_{31}) = \dfrac{1}{2} p_{13} \end{cases} \qquad (8-19)$$

根据旋转的胡克定律式（2-15），又有

$$\begin{cases}\omega_{12} = \dfrac{1}{\mu_1}\eta_{12} = \dfrac{1}{2\mu_1}p_{12} = \dfrac{1}{2}q_{12} \\[3mm] \omega_{13} = \dfrac{1}{\mu_1}\eta_{13} = \dfrac{1}{2\mu_1}p_{13} = \dfrac{1}{2}q_{13}\end{cases} \qquad (8-20)$$

同时，两个对称应变分量

$$\begin{cases}\varepsilon_{12} = \dfrac{1}{\mu_1}\sigma_{12} = \dfrac{1}{2\mu_1}p_{12} = \dfrac{1}{2}q_{12} \\[3mm] \varepsilon_{13} = \dfrac{1}{\mu_1}\sigma_{13} = \dfrac{1}{2\mu_1}p_{13} = \dfrac{1}{2}q_{13}\end{cases} \qquad (8-21)$$

我们看到，非对称的动态剪应力同时产生两种效果：对称的应变和反对称的旋转，如图 8-7 所示。特别在平面波中，S 波的动态剪应力同时等量地产生对称的应变和反对称的旋转：一半造成应变，一半造成旋转。

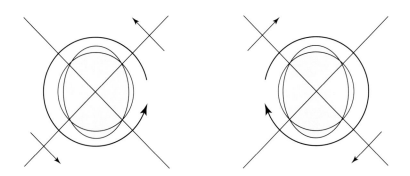

图 8-7　两种简单的非对称动态剪应力：同时造成应变和旋转

在前面对应变与旋转的几何关系的讨论中曾经提到，将坐标系转动到一个特殊的角度 Φ，可以使 $q_{12} \neq 0$ 而 $q_{21} = 0$，此时将有 $\omega_3 = \varepsilon_{12}$。对照 S 平面波的应变张量式（8-2），我们看到，在射线坐标系中，S 平面波恰恰是 $q_{12} \neq 0$ 而 $q_{21} = 0$ 的情况。这意味着此时 $\Phi \equiv 0$，因而

$$\omega_3 = \varepsilon_{12}\cos 2\Phi - \frac{1}{2}(\varepsilon_{11} - \varepsilon_{22})\sin 2\Phi = \varepsilon_{12} \qquad (8-22)$$

即 S 波有旋转并且等于剪应变分量。

对于理想的平面波而言，无论任何时刻，式（8‑2）的形式都保持不变，因而 $\mathrm{d}\Phi \equiv 0$，即旋转方位是常数。

根据式（7‑13），此时

$$
\begin{aligned}
\phi &= \frac{1}{2}\arctan\left(\frac{2\varepsilon_{12}}{\varepsilon_{11} - \varepsilon_{22}}\right) \\
&= \frac{1}{2}\arctan\left(\frac{2\varepsilon_{12}}{0}\right) \\
&= \pm\frac{\pi}{4}
\end{aligned}
\tag{8-23}
$$

即主应变方向在 $\pm\dfrac{\pi}{4}$ 两个值之间交替变化。

8.2　表面波的旋转和应变

在地震学中，表面波一般被简称为面波，是在地表面附近或地表层传播的。有关面波的研究成果，是传统地震学最漂亮、最有意义的成就之一，甚至不比体波的研究成果逊色。

对于面波，其射线直角坐标系（x_1，x_2，x_3）中的 x_1 除与射线平行外，还与地面平行；x_2 除与射线垂直外，还与地面平行；x_3 除与射线垂直外，还与地面垂直。理论上，面波有两种：Rayleigh 波和 Love 波（例如，Stein & Wysession，2003）。

首先分析表面波的旋转。

Rayleigh 波的基本特征是，只有沿传播方向的水平位移 u_1 和垂直于地面的位移 u_3 不为 0，在地表面振幅最大，向地下深处逐渐衰减，而 $u_2 = 0$。这里不对相关理论进行陈述，只给出一般教科书中都有的具体位移公式（例如，钱伟长和叶开沅，1956）：

$$
\begin{cases}
u_1 = C(e^{-0.85fx_3} - 0.58e^{-0.39fx_3})\sin f(x_1 - 0.92\beta t) \\
u_3 = C(0.85e^{-0.85fx_3} - 1.47e^{-0.39fx_3})\cos f(x_1 - 0.92\beta t)
\end{cases}
\tag{8-24}
$$

其中，$C \neq 0$ 是一个常数，f 是波数（等于 2π 除以波长），β 是 S 波的速度。

利用式（8‑24），求得

$$
\begin{cases}
\dfrac{\partial u_1}{\partial x_3} = -\,Cf(0.85e^{-0.85fx_3} - 0.23e^{-0.39fx_3})\sin f(x_1 - 0.92\beta t) \\[4mm]
\dfrac{\partial u_3}{\partial x_1} = -\,Cf(0.85e^{-0.85fx_3} - 1.47e^{-0.39fx_3})\sin f(x_1 - 0.92\beta t)
\end{cases}
$$

$$(8-25)$$

由此可知，Rayleigh 波有唯一旋转分量

$$
\begin{aligned}
\omega_2 &= \frac{\partial u_1}{\partial x_3} - \frac{\partial u_3}{\partial x_1} \\[2mm]
&= 1.24Cfe^{-0.39fx_3}\sin f(x_1 - 0.92\beta t) \\[2mm]
&\neq 0
\end{aligned}
$$

$$(8-26)$$

这意味着 Rayleigh 波本质上具有旋转性。

　　Love 波是在地表层传播的。其基本特征是，只有 $u_2 \neq 0$，其他两个位移分量都为 0；并且 u_2 是 x_1 和 x_3 的函数，与 x_2 无关（例如，Stein & Wysession，2003）。这里也不对相关理论进行陈述，仅指出 Love 波有两个不为 0 的旋转分量

$$
\begin{cases}
\omega_1 = \dfrac{\partial u_3}{\partial x_2} - \dfrac{\partial u_2}{\partial x_3} = -\dfrac{\partial u_2}{\partial x_3} \neq 0 \\[4mm]
\omega_3 = \dfrac{\partial u_2}{\partial x_1} - \dfrac{\partial u_1}{\partial x_2} = \dfrac{\partial u_2}{\partial x_1} \neq 0
\end{cases}
$$

$$(8-27)$$

这意味着 Love 波本质上也具有旋转性。

　　我们再来分析表面波的应变。

　　Rayleigh 波的两个位移分量 u_1 和 u_3 是互相独立的。因为这两个位移分量都是 x_1 和 x_3 的函数，所以在这种波中存在 4 个位移偏微分。Rayleigh 波的非对称应变张量

$$
q_{ij}^{\mathrm{R}} =
\begin{bmatrix}
\dfrac{\partial u_1}{\partial x_1} & 0 & \dfrac{\partial u_3}{\partial x_1} \\[4mm]
0 & 0 & 0 \\[4mm]
\dfrac{\partial u_1}{\partial x_3} & 0 & \dfrac{\partial u_3}{\partial x_3}
\end{bmatrix}
= \varepsilon_{ij}^{\mathrm{R}} + \omega_{ij}^{\mathrm{R}}
$$

$$
= \frac{1}{2}
\begin{bmatrix}
2\dfrac{\partial u_1}{\partial x_1} & 0 & \dfrac{\partial u_3}{\partial x_1} + \dfrac{\partial u_1}{\partial x_3} \\
0 & 0 & 0 \\
\dfrac{\partial u_3}{\partial x_1} + \dfrac{\partial u_1}{\partial x_3} & 0 & 2\dfrac{\partial u_3}{\partial x_3}
\end{bmatrix}
$$

$$
+ \frac{1}{2}
\begin{bmatrix}
0 & 0 & \dfrac{\partial u_3}{\partial x_1} - \dfrac{\partial u_1}{\partial x_3} \\
0 & 0 & 0 \\
-\dfrac{\partial u_3}{\partial x_1} + \dfrac{\partial u_1}{\partial x_3} & 0 & 0
\end{bmatrix}
\tag{8-28}
$$

由此可见，Rayleigh 波不仅有旋转 $\omega_{ij}^{R} \neq 0$，而且有对称的应变 $\varepsilon_{ij}^{R} \neq 0$。

对比之下，Love 波只有一个位移分量 u_2，是 x_1 和 x_3 的函数。因此，在这种波中存在两个位移偏微分。Love 波的非对称应变张量

$$
q_{ij}^{L} =
\begin{bmatrix}
0 & \dfrac{\partial u_2}{\partial x_1} & 0 \\
0 & 0 & 0 \\
0 & \dfrac{\partial u_2}{\partial x_3} & 0
\end{bmatrix}
= \varepsilon_{ij}^{L} + \omega_{ij}^{L}
$$

$$
= \frac{1}{2}
\begin{bmatrix}
0 & \dfrac{\partial u_2}{\partial x_1} & 0 \\
\dfrac{\partial u_2}{\partial x_1} & 0 & \dfrac{\partial u_2}{\partial x_3} \\
0 & \dfrac{\partial u_2}{\partial x_3} & 0
\end{bmatrix}
+ \frac{1}{2}
\begin{bmatrix}
0 & \dfrac{\partial u_2}{\partial x_1} & 0 \\
-\dfrac{\partial u_2}{\partial x_1} & 0 & -\dfrac{\partial u_2}{\partial x_3} \\
0 & \dfrac{\partial u_2}{\partial x_3} & 0
\end{bmatrix}
\tag{8-29}
$$

我们看到，Love 波同样不仅有旋转 $\omega_{ij}^{L} \neq 0$，而且有对称的应变 $\varepsilon_{ij}^{L} \neq 0$。

第 9 章　S 波的偏振面及其定位

非对称线弹性理论与应变观测有重要联系。分析 S 波偏振性以及偏振面的定位，对于理解 S 波的观测应变图像变化有重要意义。

9.1　简单 S 波的偏振性

在三维情况中，P 平面波沿 x_1 轴方向的传播与二维情况在应变张量的数学公式上相同。但是，如果说二维的 P 波应变是一个椭圆，那么三维的 P 波应变就是一个椭球。相比之下，根据式（8-2），S 平面波的应变应该是

$$q_{ij}^S = \begin{bmatrix} 0 & \dfrac{\partial u_2}{\partial x_1} & \dfrac{\partial u_3}{\partial x_1} \\ 0 & 0 & 0 \\ 0 & 0 & 0 \end{bmatrix} \qquad (9-1)$$

一般说来，应变分量 $\dfrac{\partial u_2}{\partial x_1}$ 与 $\dfrac{\partial u_3}{\partial x_1}$ 是可以不同的，不只是大小不同，相位可能也不同。但是，作为一级近似，可以假设二者相位相同。这对于简单的震源（例如双力偶震源）而言应该是成立的。在此假设下我们来作进一步的讨论。

实际上，当 $\dfrac{\partial u_2}{\partial x_1}$ 与 $\dfrac{\partial u_3}{\partial x_1}$ 相位相同时，意味着 S 波有一个稳定的偏振面，只是这个偏振面不在 x_1-x_2 平面内，而是与该平面形成了一个确定的夹角 λ，在 x_1-x'_2 平面内，如图 9-1 所示。

保持坐标轴 x_1 不变，把 x_2-x_3 坐标平面旋转到 x'_2-x'_3 坐标平面，在新的坐标系中，就又变成前面讨论过的二维问题了。此时，S 波的应变张量为

$$q'^S_{ij} = \begin{bmatrix} q'_{11} & q'_{12} & q'_{13} \\ q'_{12} & q'_{22} & q'_{23} \\ q'_{13} & q'_{23} & q'_{33} \end{bmatrix}$$

$$= \begin{bmatrix} 1 & 0 & 0 \\ 0 & \cos\lambda & \sin\lambda \\ 0 & -\sin\lambda & \cos\lambda \end{bmatrix} \begin{bmatrix} 0 & \dfrac{\partial u_2}{\partial x_1} & \dfrac{\partial u_3}{\partial x_1} \\ 0 & 0 & 0 \\ 0 & 0 & 0 \end{bmatrix} \begin{bmatrix} 1 & 0 & 0 \\ 0 & \cos\lambda & -\sin\lambda \\ 0 & \sin\lambda & \cos\lambda \end{bmatrix}$$

$$= \begin{bmatrix} 0 & q_{12}\cos\lambda + q_{13}\sin\lambda & -q_{12}\sin\lambda + q_{13}\cos\lambda \\ 0 & 0 & 0 \\ 0 & 0 & 0 \end{bmatrix} \qquad (9-2)$$

令 $q'_{13}=0$，得到

$$-q_{12}\sin\lambda + q_{13}\cos\lambda = 0 \qquad (9-3)$$

即有

$$\lambda = \arctan\left(\frac{q_{13}}{q_{12}}\right) \qquad (9-4)$$

当两个非 0 分量 q_{12} 和 q_{13} 相位相同时，λ 保持不变，存在一个稳定的偏振面。

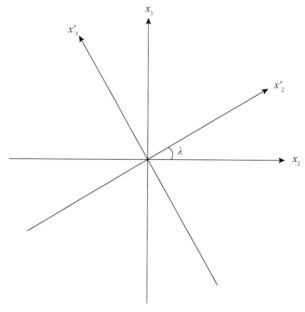

图 9-1　S 波的偏振面 （$-2\pi \leqslant \lambda \leqslant 0$）

对于这种 S 平面波，我们有

$$
\begin{cases}
q_{12} = \dfrac{\partial u_2}{\partial x_1} = \dfrac{1}{2}\varepsilon_{12} \\[3mm]
q_{13} = \dfrac{\partial u_3}{\partial x_1} = \dfrac{1}{2}\varepsilon_{13}
\end{cases}
\tag{9-5}
$$

因而

$$
\lambda = \arctan\left(\frac{\varepsilon_{13}}{\varepsilon_{12}}\right)
\tag{9-6}
$$

这里需要注意的是，在坐标系 (x'_1, x'_2, x'_3) 中 λ 是负的。

9.2　S 波偏振面的定位

我们通常并不知道地震波的射线坐标系或者偏振面坐标系。我们面临的问题是：如何根据观测应变来判定 S 波偏振面的空间展布情况，或者借用地质学的术语，判定该偏振面的产状。不搞清楚这个问题，我们就无法理解实际观测的地震波应变变化图像。

9.2.1　S 波偏振面的地理坐标表示

在 S 波偏振面坐标系中，设 S 波沿 x_1 轴方向传播，而其偏振面在 x_1-x_2 平面内，其应变张量为

$$
\varepsilon^S = \begin{bmatrix} 0 & \varepsilon_0 & 0 \\ \varepsilon_0 & 0 & 0 \\ 0 & 0 & 0 \end{bmatrix}
\tag{9-7}
$$

偏振图像如图 9-2 所示。

在垂直于 x_1 轴的 x_2-x_3 平面上找到水平线，定义为 x'_2 轴，并设 λ（$0 \leqslant \lambda \leqslant \pi$）为 x_2 轴与 x'_2 轴的夹角，即偏振面角，建立新坐标系 (x'_1, x'_2, x'_3)，如图 9-1 所示。注意 x'_1 与 x_1 相同。

在新坐标系 (x'_1, x'_2, x'_3) 中，S 波的应变张量为

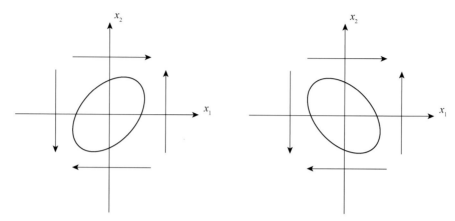

图 9 - 2　S 波 x_1-x_2 平面偏振图像示意（左：前半周期；右：后半周期）

$$\varepsilon' = l'^{T}_{ij}\varepsilon^{S}l'_{ij} = \begin{bmatrix} l'_{11} & 0 & 0 \\ 0 & l'_{22} & l'_{32} \\ 0 & l'_{23} & l'_{33} \end{bmatrix} \begin{bmatrix} 0 & \varepsilon_0 & 0 \\ \varepsilon_0 & 0 & 0 \\ 0 & 0 & 0 \end{bmatrix} \begin{bmatrix} l'_{11} & 0 & 0 \\ 0 & l'_{22} & l'_{23} \\ 0 & l'_{32} & l'_{33} \end{bmatrix}$$

$$= \begin{bmatrix} 1 & 0 & 0 \\ 0 & \cos\lambda & \sin\lambda \\ 0 & -\sin\lambda & \cos\lambda \end{bmatrix} \begin{bmatrix} 0 & \varepsilon_0 & 0 \\ \varepsilon_0 & 0 & 0 \\ 0 & 0 & 0 \end{bmatrix} \begin{bmatrix} 1 & 0 & 0 \\ 0 & \cos\lambda & -\sin\lambda \\ 0 & \sin\lambda & \cos\lambda \end{bmatrix}$$

$$= \varepsilon_0 \begin{bmatrix} 0 & 1 & 0 \\ \cos\lambda & 0 & 0 \\ -\sin\lambda & 0 & 0 \end{bmatrix} \begin{bmatrix} 1 & 0 & 0 \\ 0 & \cos\lambda & -\sin\lambda \\ 0 & \sin\lambda & \cos\lambda \end{bmatrix}$$

$$= \varepsilon_0 \begin{bmatrix} 0 & \cos\lambda & -\sin\lambda \\ \cos\lambda & 0 & 0 \\ -\sin\lambda & 0 & 0 \end{bmatrix}$$

$$(9-8)$$

　　进一步，定义 x'_1 轴（即 x_1 轴）在水平面上的投影为 x''_1 轴，并且设 x'_1 轴与水平面（或 x''_1 轴）的夹角为 $\delta\left(-\dfrac{\pi}{2} \leqslant \delta \leqslant \dfrac{\pi}{2}\right)$，建立新坐标系（$x''_1$，$x''_2$，$x''_3$），如图 9 - 3 所示。注意 x''_2 与 x'_2 相同。在坐标系（x''_1，x''_2，x''_3）中，δ 是负的。

　　在新坐标系中，x''_1 轴和 x''_2 轴都在水平面内，x''_3 轴向上，S 波的应变张量为

$$\varepsilon'' = l''^{T}_{ij} l'^{T}_{ij} \varepsilon^{S} l'_{ij} l''$$

$$= \varepsilon_0 \begin{bmatrix} l''_{11} & 0 & l''_{31} \\ 0 & l''_{22} & 0 \\ l''_{13} & 0 & l''_{33} \end{bmatrix} \begin{bmatrix} 0 & \cos\lambda & -\sin\lambda \\ \cos\lambda & 0 & 0 \\ -\sin\lambda & 0 & 0 \end{bmatrix} \begin{bmatrix} l''_{11} & 0 & l''_{13} \\ 0 & l''_{22} & 0 \\ l''_{31} & 0 & l''_{33} \end{bmatrix}$$

$$= \varepsilon_0 \begin{bmatrix} \cos\delta & 0 & -\sin\delta \\ 0 & 1 & 0 \\ \sin\delta & 0 & \cos\delta \end{bmatrix} \begin{bmatrix} 0 & \cos\lambda & -\sin\lambda \\ \cos\lambda & 0 & 0 \\ -\sin\lambda & 0 & 0 \end{bmatrix} \begin{bmatrix} \cos\delta & 0 & \sin\delta \\ 0 & 1 & 0 \\ -\sin\delta & 0 & \cos\delta \end{bmatrix}$$

$$= \varepsilon_0 \begin{bmatrix} \sin\lambda\sin\delta & \cos\lambda\cos\delta & -\sin\lambda\cos\delta \\ \cos\lambda & 0 & 0 \\ -\sin\lambda\cos\delta & \cos\lambda\sin\delta & -\sin\lambda\sin\delta \end{bmatrix} \begin{bmatrix} \cos\delta & 0 & \sin\delta \\ 0 & 1 & 0 \\ -\sin\delta & 0 & \cos\delta \end{bmatrix}$$

$$= \varepsilon_0 \begin{bmatrix} \sin\lambda\sin2\delta & \cos\lambda\cos\delta & -\sin\lambda\cos2\delta \\ \cos\lambda\cos\delta & 0 & \cos\lambda\sin\delta \\ -\sin\lambda\cos2\delta & \cos\lambda\sin\delta & -\sin\lambda\sin2\delta \end{bmatrix}$$

$$(9-9)$$

实际上，我们是在地理坐标系（E，N，U）中进行应变观测的。设 S 波射线的东方位角为 $\theta(-2\pi \leqslant \theta \leqslant 0)$，将坐标系（$x''_1$，$x''_2$，$x''_3$）绕 x''_3 轴转动角度 θ，就得到地理坐标系，如图 9-4 所示。在坐标系（E，N，U）中，θ 是负的。

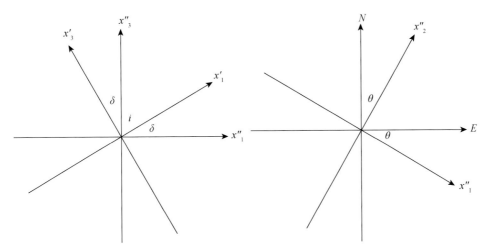

图 9-3　S 波射线的仰角 δ 和入射角 i　　图 9-4　地理坐标系的 S 波射线的东方位角

在地理坐标系（E，N，U）中，S 波的应变张量为

$$\varepsilon = \begin{bmatrix} \varepsilon_{11} & \varepsilon_{12} & \varepsilon_{13} \\ \varepsilon_{12} & \varepsilon_{22} & \varepsilon_{23} \\ \varepsilon_{13} & \varepsilon_{23} & \varepsilon_{33} \end{bmatrix} = l_{ij}^{T} l''^{T}_{ij} l'^{T}_{ij} \varepsilon^{S} l'_{ij} l''_{ij} l_{ij}$$

$$= \varepsilon_0 \begin{bmatrix} l_{11} & l_{21} & 0 \\ l_{12} & l_{22} & 0 \\ 0 & 0 & l_{33} \end{bmatrix} \begin{bmatrix} \sin\lambda\sin2\delta & \cos\lambda\cos\delta & -\sin\lambda\cos2\delta \\ \cos\lambda\cos\delta & 0 & \cos\lambda\sin\delta \\ -\sin\lambda\cos2\delta & \cos\lambda\sin\delta & -\sin\lambda\sin2\delta \end{bmatrix}$$

$$\begin{bmatrix} l_{11} & l_{12} & 0 \\ l_{21} & l_{22} & 0 \\ 0 & 0 & l_{33} \end{bmatrix}$$

$$(9-10)$$

其中，地理坐标系（E，N，U）3 个轴相对于坐标系（x'_1，x'_2，x'_3）3 个轴的方向余弦

$$\begin{bmatrix} l_{11} & l_{12} & 0 \\ l_{21} & l_{22} & 0 \\ 0 & 0 & l_{33} \end{bmatrix} = \begin{bmatrix} \cos\theta & -\sin\theta & 0 \\ \sin\theta & \cos\theta & 0 \\ 0 & 0 & 1 \end{bmatrix} \qquad (9-11)$$

9.2.2　用三维应变观测定位 S 波偏振面

我们可以具体写出式（9-10）给出的地理坐标系中 S 波应变张量的 6 个分量：

$$\begin{cases} \varepsilon_{11} = \varepsilon_0(\cos^2\theta\sin\lambda\sin2\delta + \sin2\theta\cos\lambda\cos\delta) \\ \varepsilon_{12} = \varepsilon_0(-\dfrac{1}{2}\sin2\theta\sin\lambda\sin2\delta + \cos2\theta\cos\lambda\cos\delta) \\ \varepsilon_{22} = \varepsilon_0(\sin^2\theta\sin\lambda\sin2\delta - \sin2\theta\cos\lambda\cos\delta) \\ \varepsilon_{13} = \varepsilon_0(\sin\theta\cos\lambda\sin\delta - \cos\theta\sin\lambda\cos2\delta) \\ \varepsilon_{23} = \varepsilon_0(\cos\theta\cos\lambda\sin\delta + \sin\theta\sin\lambda\cos2\delta) \\ \varepsilon_{33} = -\varepsilon_0\sin\lambda\sin2\delta \end{cases} \qquad (9-12)$$

当式（9-12）左边的 6 个应变分量可以由观测得到时，表面上看起来这里有 6 个方程，实际上这 6 个方程（不是线性方程）是相关的（不是线性相关），

其中只有 4 个独立方程，对应 4 个变化量 (ε_0，θ，λ，δ)。根据本问题的具体性质，式 (9-12) 中的 6 个方程之间还存在两个关系：一个关系是 S 波没有体积变化，即有

$$\varepsilon_{11} + \varepsilon_{22} + \varepsilon_{33} = 0 \qquad (9-13)$$

另外一个关系可以写成

$$\varepsilon_{11}\sin^2\theta + \varepsilon_{22}\cos^2\theta + \varepsilon_{12}\sin2\theta = 0 \qquad (9-14)$$

即与 S 波射线水平投影垂直的正应变 ε''_{22} 为 0。

在 4 个变化量 (ε_0，θ，λ，δ) 中，对于偏振面定位而言，我们并不需要求出 ε_0。当震中位置已知时，可以认为 θ 是已知的，我们只需要求出 λ 和 δ。由式 (9-12) 解出 λ 和 δ 可以有不同的方法。这里介绍一种相对简单的解法。

首先，由式 (9-12) 的后 3 个方程得到

$$\frac{\varepsilon_{33}}{\varepsilon_{13}\cos\theta - \varepsilon_{23}\sin\theta} = \frac{\sin\lambda\sin2\delta}{\sin\lambda\cos2\delta} = \tan2\delta \qquad (9-15)$$

由此解出 S 波射线的仰角 δ。然后由式 (9-12) 的前 3 个方程得到

$$\frac{\varepsilon_{11} + \varepsilon_{22}}{2\varepsilon_{12}} = \frac{\tan\lambda\sin\delta}{-\sin2\theta\tan\lambda\sin\delta + \cos2\theta} \qquad (9-16)$$

即有

$$\frac{(\varepsilon_{11} + \varepsilon_{22})\cos2\theta}{[2\varepsilon_{12} + (\varepsilon_{11} + \varepsilon_{22})\sin2\theta]\sin\delta} = \tan\lambda \qquad (9-17)$$

由式 (9-17) 可以进一步解出偏振面角 λ。

9.2.3　用水平面应变观测估计定位 S 波偏振面

因为目前还没有三维应变地震仪，只有观测水平面应变变化的应变仪，所以这里要重点讨论一下如何根据这种二维应变观测来定位 S 波的偏振面。此时需要注意：目前的水平面应变观测，所用的是 (N，E，D) 坐标系，而不是 (E，N，U) 坐标系，ε_{11} 和 ε_{22} 要对调；θ 是常用的（北）方位角，而非东方位角。

在式（9-12）中，二维水平面观测的 3 个应变分量与前 3 个方程对应。严格说来，此时只有 3 个方程，无法解出 4 个变量。即使 θ 已知，因为这 3 个方程中只有两个独立方程，所以仍然无法求解。但是我们可以给出估计。

根据式（9-12）有

$$\begin{cases} (\varepsilon_{11} + \varepsilon_{22})/\varepsilon_0 = \sin\lambda\sin2\delta \\ \dfrac{(\varepsilon_{11}\sin^2\theta - \varepsilon_{22}\cos^2\theta)/\varepsilon_0}{\sin2\theta} = \cos\lambda\cos\delta \end{cases} \quad (9-18)$$

设

$$\begin{cases} A = (\varepsilon_{11} + \varepsilon_{22})/\varepsilon_0 \\ B = \dfrac{(\varepsilon_{11}\sin^2\theta - \varepsilon_{22}\cos^2\theta)/\varepsilon_0}{\sin2\theta} \end{cases} \quad (9-19)$$

有

$$\begin{cases} \dfrac{A}{\sin2\delta} = \sin\lambda \\ \dfrac{B}{\cos\delta} = \cos\lambda \end{cases} \quad (9-20)$$

将式（9-20）的两个方程两边平方然后两式相加得到

$$\frac{A^2}{\sin^2 2\delta} + \frac{B^2}{\cos^2\delta} = 1 \quad (9-21)$$

可以由式（9-21）解出射线仰角 δ，然后进一步由式（9-20）解出偏振面角 λ。这就是说，当 ε_0 已知时，就可以用水平面观测对 S 波偏振面进行定位。这相当于用归一化的应变分量值来求解 λ 和 δ，即用

$$\begin{cases} \varepsilon_{11}/\varepsilon_0 = \cos^2\theta\sin\lambda\sin2\delta + \sin2\theta\cos\lambda\cos\delta \\ \varepsilon_{12}/\varepsilon_0 = -\dfrac{1}{2}\sin2\theta\sin\lambda\sin2\delta + \cos2\theta\cos\lambda\cos\delta \\ \varepsilon_{22}/\varepsilon_0 = \sin^2\theta\sin\lambda\sin2\delta - \sin2\theta\cos\lambda\cos\delta \end{cases} \quad (9-22)$$

来求解 λ 和 δ。

需要说明的是，在传统地震学的教科书中，通常使用入射角 i 而不是仰角 δ 来描述射线与竖直方向的关系，如图 9-3 所示，二者互余（$i+\delta=90°$）。

S 波的剪切应变偏振面可以用乌尔夫网投影（俗称"沙滩球"）来描述。不失一般性，我们考虑 $\theta=0$ 的特殊情况，图 9-5 为各种偏振面角和射线入射角的偏振面乌尔夫投影（下半球投影）。图中红色表示受压，蓝色表示受拉。

现在我们来讨论观测应变变化图像与偏振面角和射线入射角的关系。仍然考虑 $\theta=0$ 的特殊情况，用图 9-6 可以直观地说明与图 9-5 对应的各种偏振面角和射线入射角的 S 波产生的应变变化。图中粉色椭圆表示 S 波的一个应变周期的前半周期变化，绿色表示后半周期变化。例如，与图 9-2 对应的情况是，偏振面角 $\lambda=0$、并且入射角 $i=90°$（射线仰角 $\delta=0$）。

由图 9-6 可见，当入射角 $i=0$ 或者 $i=180°$ 时，用水平面应变观测无法区分相对于不同 λ 的各种情况。为说明这一点，我们来考察

$$\begin{cases} \varepsilon_{11}/\varepsilon_0 = 2\cos^2\theta\sin\lambda\sin\delta\cos\delta + \sin2\theta\cos\lambda\cos\delta = 0 \\ \varepsilon_{12}/\varepsilon_0 = -\sin2\theta\sin\lambda\sin\delta\cos\delta + \cos2\theta\cos\lambda\cos\delta = 0 \\ \varepsilon_{22}/\varepsilon_0 = 2\sin^2\theta\sin\lambda\sin\delta\cos\delta - \sin2\theta\cos\lambda\cos\delta = 0 \end{cases} \quad (9-23)$$

式（9-23）的解就是 $\cos\delta=0$，即 $\delta=\pm90°$，也就是 $i=0$ 或者 $i=180$。这是二维水平面应变观测的一个局限性。

根据以上讨论，以最大剪应变的最大观测变化为基准（近似当作 ε_0），对所有观测应变变化进行归一化，即所有这些变化观测值除以这个基准，就能根据水平应变观测变化图像的基本特点，对 λ 和 δ 给出估计。

实际上，最大剪应变

$$\begin{aligned} \frac{\varepsilon_1 - \varepsilon_2}{2} &= \sqrt{4\varepsilon_{12}^2 + (\varepsilon_{11} - \varepsilon_{22})^2} \\ &= \varepsilon_0\sqrt{\sin^2\lambda\sin^22\delta + 4\cos^2\lambda\cos^2\delta} \\ &= 2\varepsilon_0\cos\delta\sqrt{\sin^2\lambda\sin^2\delta + \cos^2\lambda} \\ &= 2\varepsilon_0\cos\delta\sqrt{\sin^2\lambda(1 - \cos^2\delta) + \cos^2\lambda} \\ &= 2\varepsilon_0\cos\delta\sqrt{1 - \sin^2\lambda\cos^2\delta} \end{aligned} \quad (9-24)$$

请注意，ε_0 应该与最大剪应变的最大观测变化值对应。一般地，最大剪应变的最大变化值小于 ε_0。

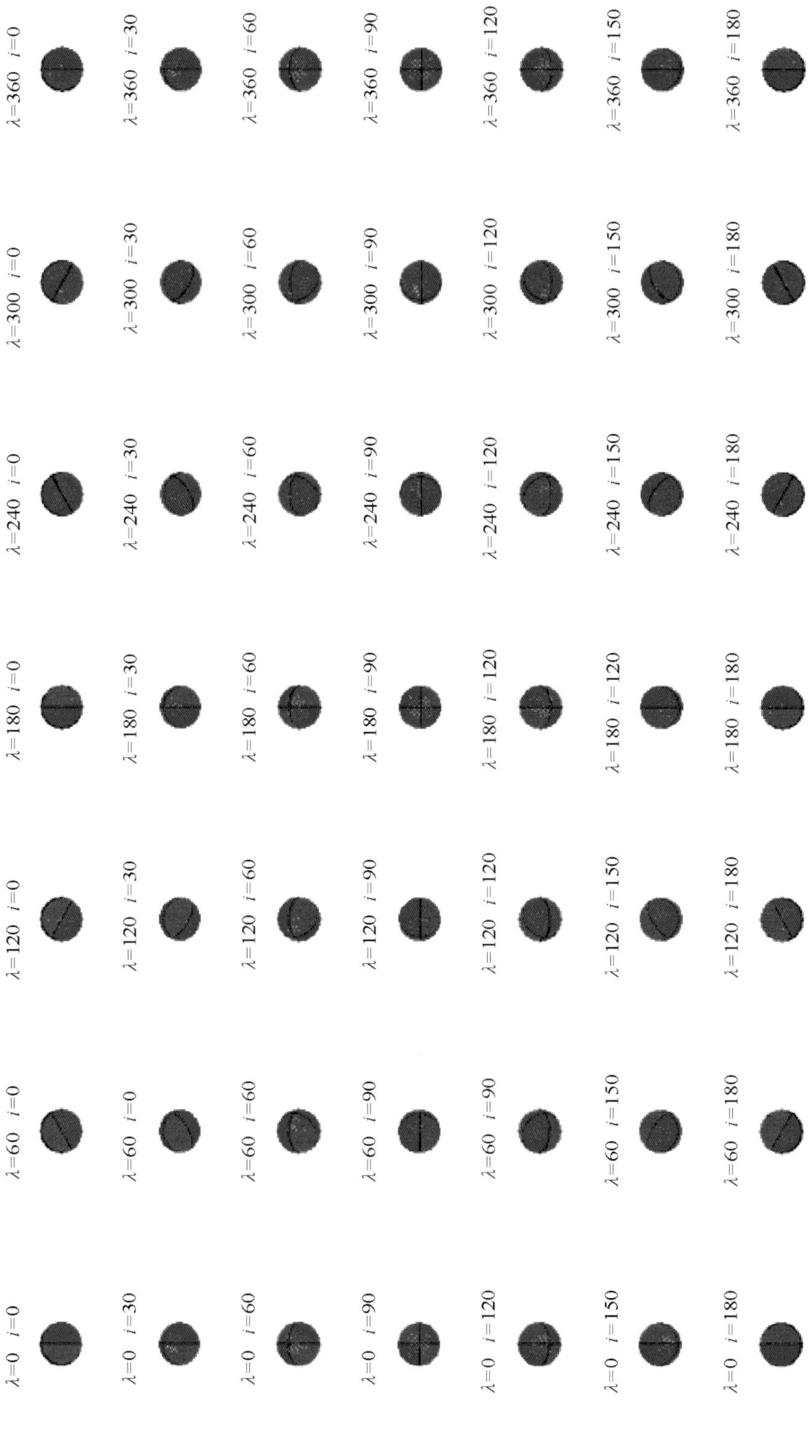

图9-5 S波各种偏振面的乌尔夫网投影（方位角θ=0，单位：°；下半球投影）

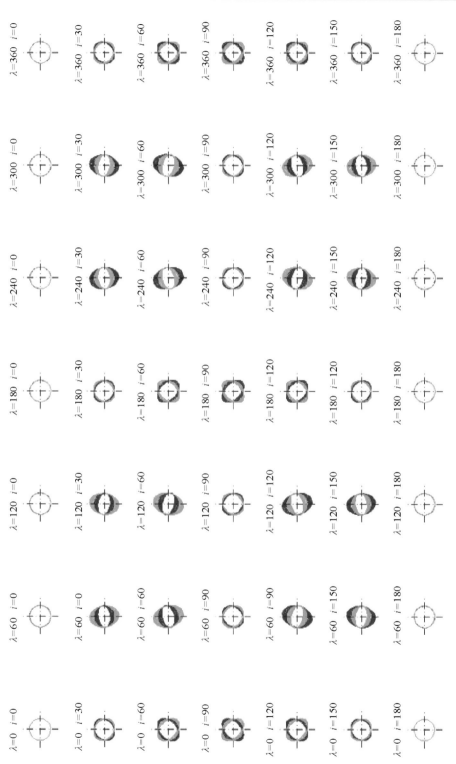

图 9-6　各种偏振面的 S 波水平应变变化（方位角 $\theta=0$；单位：°；粉色：前半周期；绿色：后半周期）

第 10 章　水平张量应变的观测方法

非对称线弹性理论的诞生，在很大程度上，源自一种新观测技术的成功应用。这种新技术就是四元件钻孔应变仪。与传统的地震仪和这些年迅速发展的GPS 不同，钻孔应变仪观测的不是质点位移，而是位移的空间变化率。它的出现，为地球科学研究开辟了新的领域。我们首先要对这种新技术进行简要的介绍。

钻孔应变仪是在钻孔中观测应变变化，有体应变仪和张量应变仪两类，目前只能观测水平面内的应变变化。四元件钻孔应变仪是一种观测水平面应变变化的张量应变仪。这种观测具有坚实的理论基础，可以观测到固体潮，并据此进行实地标定。四元件张量应变仪的巧妙设计，使观测自检成为可能。这里还给出了由直接观测读数到应变变化的简明换算方法。

10.1　历史沿革

在中国大陆，四元件钻孔应变观测已经有四十多年的发展历史。20 世纪 60年代，在李四光的推动下，中国科研人员开始研制钻孔应力仪（章明川等，1981；邱泽华，2010）。最早的 RZB 型四元件钻孔应变仪，是由欧阳祖熙领导的一个团队，借鉴了研制钻孔应力仪的经验教训，于 20 世纪 70 年代末推出的（欧阳祖熙，1977；欧阳祖熙等，1988）。无论是钻孔应力仪还是钻孔应变仪，都以地壳水平面的应力-应变变化为观测对象，目的是预报地震。RZB 型四元件钻孔应变仪率先使用了电容位移传感器，应变观测分辨率可达 10^{-8}。

在平面应变中，应变张量只有 3 个互相独立的应变分量。但是，在四元件钻孔应变仪的探头套筒中内置了 4 个长度传感器（应变计元件），分别观测间隔45°的不同方向的套筒直径相对变化。多了一个应变计元件，用来对观测进行自检，确保达到预期要求。这比只有 3 个应变计元件的三分量钻孔应变仪（Gladwin，1984；Sakata & Sato，1986；Hart et al.，1996；Ishii，2001）有本质的优越性。在美国板块边界观测（PBO）项目中使用的 Gladwin 钻孔张量应变仪（BTSM）的探头（例如，Roeloffs，2010），虽然现在也内置了 4 个应变计元件，但是它们不是按等间隔方向布设的，仍然不方便使用。

新千年开始的时候，美国启动了板块边界观测（PBO）项目，其中计划使用大量钻孔应变仪（Hodgkinson et al.，2010）。中国的四元件钻孔应变观测受到激励，出现了跳跃式的发展。一种新型的四元件钻孔应变仪，YRY - 4 型，应运而生。该型仪器是池顺良团队研制的（池顺良等，2009），在技术上有实质性突破。在"十五"计划中，中国地震局在更新观测台网时，选用了 YRY - 4 型四元件钻孔应变仪。虽然地震预报仍然是遥远的目标，但是 YRY - 4 型钻孔应变仪的出现，标志着一个重大的技术进步。"十五"计划完成后，中国地震局所属的全国钻孔应变观测台网，已经有超过 50 个四元件钻孔应变观测点。其中有约 40 个观测点使用 YRY - 4 型仪器（图 10 - 1）。数据采样率为每分钟一个记录。在各观测点上，还同时进行气压、水位等辅助观测，用来进行分析对比。

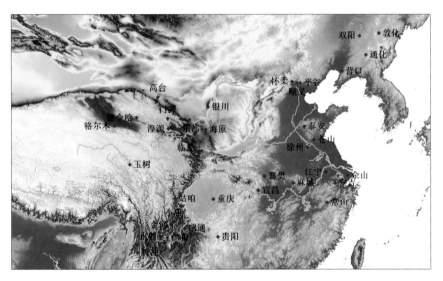

图 10 - 1　中国大陆 YRY - 4 型四元件钻孔应变观测点分布

　　四元件钻孔应变观测在理论和技术两方面的成功，为科学应用这种观测数据铺平了道路。除地震前兆（池顺良等，2009；邱泽华等，2010；池顺良等，2013；Qiu，Yang et al.，2013）外，在慢地震（Sacks et al.，1978；Linde et al.，1996）、火山（Chardot et al.，2010；Voight et al.，2010）、同震应力触发（邱泽华和石耀霖，2004）、震颤（Johnston et al.，2006；Wang et al.，2008；Hawthorne & Rubin，2013）、地球自由振荡（邱泽华等，2007；唐磊等，2007）和地震波（邱泽华和池顺良，2013）等多方面的研究中，钻孔应变观测都有不可替代的作用。

10.2　理论模型

　　在中国大陆，钻孔张量应变观测方法的理论基础是潘立宙（1977）打下的。潘立宙将带多环圆孔的平板的弹性力学问题，与钻孔应力观测的物理模型进行对比，建议用单环或双环圆孔表示观测模型，用特殊函数法求解析解，并具体给出了单环模型的解析解。这种方法的步骤是：在所有存在的特殊函数中排除不适用的，然后将剩余的特殊函数进行线性组合，代入实际边界条件，列出方程组，求解线性组合的系数。在单环模型中，只考虑探头套筒和围岩两个因素。

欧阳祖熙和张宗润（1988）沿着潘立宙提出的方法，引入耦合水泥因素，讨论了求解双环模型的问题。陈沅俊和杨修信（1990）具体列出了所有方程，并探讨了求解这些方程的方法。张凌空和牛安福（2013）用这种方法给出了双环模型的解。

在国外，Savin（1961）用复变函数方法给出了求解多环模型的一般方法，Gladwin 和 Hart（1985）用这种方法具体求出了单环模型和双环模型的解。

作为一级近似，假设介质为各向同性的均匀线弹性体，比较符合实际的用钻孔应变仪观测岩石应变变化的"双环模型"如图 10‐2 所示。

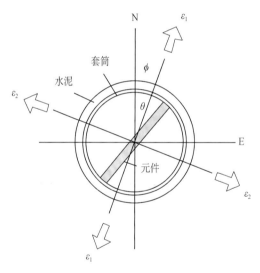

图 10‐2　钻孔张量应变观测方法的双环模型

图 10‐2 中的长度传感器（应变计元件）测量由应变变化产生的套筒沿 θ 方向的直径相对变化 S_{θ}。这个弹性力学问题的求解过程非常复杂，但是最终得到的观测量与应变变化（ε_1，ε_2，ϕ）的关系相当简单：

$$S_{\theta} = A(\varepsilon_1 + \varepsilon_2) + B(\varepsilon_1 - \varepsilon_2)\cos 2(\theta - \phi) \qquad (10‐1)$$

其中，ε_1 和 ε_2 分别为最大和最小主应变，ϕ 是主应变方向，A 和 B 是两个参数。

在双环模型中，内环表示钻孔应变仪探头的套筒，外环表示将套筒和围岩耦合在一起的水泥。两个参数 A 和 B 称为耦合系数，有待确定。

需要说明的是，钻孔应变仪观测的是应变的变化量。因为所有元件的观测基值都有任意性，所以在对钻孔应变观测资料进行分析时，要用随时间的变化量。

10.3　观测深度

在中国大陆，大多数钻孔应变仪的探头深度都只有几十米，而所有 YRY－4 型四元件钻孔应变仪都将探头安装在约 40m 深的岩石中。这里有技术的限制，也存在钻孔费用的制约。但是，两者都不是最重要的。

一些国外的学者曾经提出，钻孔应变观测探头应该放在至少 100m 深的地方，这样才能避开地表附近的破碎岩石（例如，Gladwin & Hart，1985）。一般人还会希望在地壳中更深的地方进行观测，了解那里的情况。在日本，包含钻孔应变仪的"地壳综合观测装置"已经成功地安装在地表下 800m 深处（Ishii，2001）。

但是，作为一个几何轴对称的水平面问题的弹性力学解，式（10－1）表示的理论模型是以竖直方向的应力等于 0 为前提的。这种情况只在地表附近才存在。在地下深处，一般并不存在这种条件。就像我们不知道到底多深的地方岩石开始变得比较完整，我们也不知道到底多深的地方竖直应力开始不能近似当作 0。

大多数 YRY－4 型四元件钻孔应变观测的实践表明，在约 40m 深处进行观测得到的数据一般是可以接受的，观测曲线足够稳定、光滑。这种数据被认为代表地面的应变变化，因此可以与其他大地测量（例如，GPS）的结果进行对比。

实际上，我们把钻孔应变仪的探头放在地下钻孔中，基本的目的是避免地面的干扰，包括天气变化和人类活动。

不管钻孔多深，对于四元件钻孔应变仪的探头安装，基本的要求是岩石必须完整。这是成功建设一个四元件钻孔应变观测点的最重要的条件。

10.4　四元件应变观测

在四元件钻孔应变仪的探头中，有 4 个应变计元件，沿等间隔（45°）方向布设。这是这种设计的关键特征。根据式（10－1），我们有

$$\begin{cases} S_1 = S_{\theta_1} = A(\varepsilon_1 + \varepsilon_2) + B(\varepsilon_1 - \varepsilon_2)\cos2(\theta_1 - \phi) \\ S_2 = S_{\theta_1 + \pi/4} = A(\varepsilon_1 + \varepsilon_2) - B(\varepsilon_1 - \varepsilon_2)\sin2(\theta_1 - \phi) \\ S_3 = S_{\theta_1 + \pi/2} = A(\varepsilon_1 + \varepsilon_2) - B(\varepsilon_1 - \varepsilon_2)\cos2(\theta_1 - \phi) \\ S_4 = S_{\theta_1 + 3\pi/4} = A(\varepsilon_1 + \varepsilon_2) + B(\varepsilon_1 - \varepsilon_2)\sin2(\theta_1 - \phi) \end{cases} \quad (10-2)$$

其中，S_i（$i=1，2，3，4$）分别为 4 个元件的观测值。由式（10－2），我们得到

一个非常简单的关系：

$$S_1 + S_3 = S_2 + S_4 \qquad (10-3)$$

式（10-3）称为四元件钻孔应变观测的自洽方程。苏恺之（1977）对此进行过论证。当数据满足自洽方程时，就可以认为观测是可靠的。

因为四元件钻孔应变观测的探头必须安置在完整岩石中，所以应该满足自洽条件。当自洽不好时，就会造成数据使用的困难。作为一个定量描述数据可靠性的指标，我们定义数据信度

$$C_{95} = 1 - \frac{\sum_{N_{95}} \left| (S_1 + S_3) - (S_2 + S_4) \right|}{\frac{1}{2} \sum_{N_{95}} \left| S_1 + S_2 + S_3 + S_4 \right|} \qquad (10-4)$$

其中，N 是观测数据的总数，下标 95 表示有 5% 的"坏点"被去掉了。所谓"坏点"，即那些严重不符合"自洽方程"的数据。这些"坏点"通常是降雨或调试仪器造成的。一般地，可靠数据的信度应该接近于 1。

10.5 · 相对实地标定

与其他在地表进行的大地测量方法不同，对钻孔应变仪观测的标定只能在钻孔中实地进行。四元件钻孔应变观测数据的理论自洽性，为对探头中的所有元件灵敏度进行相对实地标定提供了依据。

至今，绝大多数的 YRY-4 型四元件钻孔应变仪的观测都表明，数据基本符合自洽方程（10-3）。这证明完整岩石可以被近似看作理想弹性体。当数据不十分符合自洽方程时，一个可能的原因，是井下探头中的应变计的灵敏度发生了不一致的变化。例如，在将探头装入钻孔的过程中，各元件的灵敏度可能因温度等因素的变化而发生不一致的变化。利用式（10-3），我们可以对所有元件的灵敏度进行相对矫正（邱泽华等，2005a；Qiu, Tang et al., 2013）。

对于一段时间的四元件钻孔应变直接观测读数 R_i（$i=1$，2，3，4），不论是地震、潮汐还是气压变化，我们可以设

$$S_i = k_i R_i \qquad (10-5)$$

其中，k_i（$i=1$，2，3，4）待定，称为元件灵敏度矫正系数。

将式（10-5）代入式（10-3），就得到

$$k_1 R_1 - k_2 R_2 + k_3 R_3 - k_4 R_4 = 0 \qquad (10-6)$$

我们设定 4 个元件矫正系数中的任意一个为 1，将不同的 3 组观测数据代入式（10-6），得到 3 个方程，然后就能解方程组求出其他 3 个矫正系数。对于大量不同的数据，我们可以用最小二乘法给出统计的结果。但是，这样计算得到的结果有一个缺陷，就是关于所有应变计元件不对称：那个被设定为 1 的元件矫正系数保持不变，而其他元件的矫正系数随给出数据的不同而改变。我们需要一个更好的方法。

定义 $k_{ij}=k_j/k_i$（$i,\ j$=1，2，3，4），这样得到 4 个关于所有元件对称的灵敏度矫正系数。由此得到 4 个非齐次的线性方程：

$$\begin{cases} k_{11}R_1 - k_{12}R_2 + k_{13}R_3 - k_{14}R_4 = 0 \\ k_{21}R_1 - k_{22}R_2 + k_{23}R_3 - k_{24}R_4 = 0 \\ k_{31}R_1 - k_{32}R_2 + k_{33}R_3 - k_{34}R_4 = 0 \\ k_{41}R_1 - k_{42}R_2 + k_{43}R_3 - k_{44}R_4 = 0 \end{cases} \qquad (10-7)$$

其中，当 $i=j$ 时，$k_{ij}=1$。重要的是，请注意这里有 12 个未知数，而 4 个方程实际上来自同一个关系式，即式（10-3）。每一个方程都要单独求解。由于存在数据的随机变化误差，各个方程给出的解可能并不协调一致。

将所有 4 个方程给出的解取平均，最终得到所有元件的实用灵敏度矫正系数

$$K_j = \frac{1}{4}\sum_{i=1}^{4} k_{ij} \quad (i=1，2，3，4) \qquad (10-8)$$

因为问题是线性的，所以

$$S_i = K_i R_i \quad (i=1，2，3，4) \qquad (10-9)$$

仍然满足自洽方程（10-3）。这个求解元件的实用灵敏度矫正系数的过程，称为相对实地标定。用由式（10-9）给出的 S_i 替代 R_i，就称为相对矫正。

在理想情况下，当元件的灵敏度不发生变化而且数据完全符合自洽方程时，$K_i=1$，$R_i=S_i$。一般地，对于比较好的数据，K_i 在 1 附近取值。

对中国大陆 24 个 YRY-4 型四元件钻孔应变观测点的数据进行相对实地标

定，得到的结果如图 10-3 所示。这里相对标定分析用的是小时增量，在所用数据中剔除了 5% 的"坏点"。由此可见，绝大多数元件的灵敏度矫正系数都在 1 附近，表明这些元件是基本上按设计要求工作的。

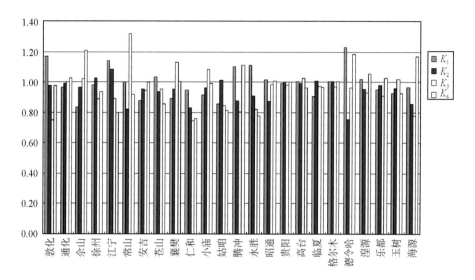

图 10-3　24 个 YRY-4 型钻孔应变观测点的元件灵敏度矫正系数

　　在图 10-3 中，也有个别元件的灵敏度矫正系数小于 0.8 或大于 1.2，有必要进行相对矫正。对数据进行相对标定，可以评估数据的可靠性；对数据进行相对矫正，可以进一步提高其可靠性。图 10-4 给出了 24 个 YRY-4 型四元件钻孔应变观测点矫正前后的数据信度 (C_{95})。

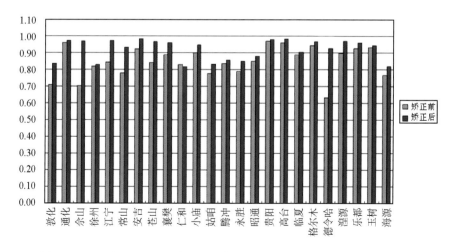

图 10-4　24 个 YRY-4 型钻孔应变仪观测数据矫正前后信度 (C_{95}) 对比

由图 10－4 可见，矫正前，除德令哈（DLH）外的观测点，数据信度一般大于 0.7，其中 17 个观测点大于 0.8。这同样是这种钻孔应变仪取得成功的标志。而矫正后，所有观测点的数据信度都大于 0.8，其中 16 个观测点大于 0.9。

在图 10－4 中，最引人注目的变化发生在佘山（SHSH）和德令哈（DLH）两个观测点。在佘山观测点，信度 C_{95} 从相对矫正前的 0.70 增加到相对矫正后的 0.97。在德令哈观测点，则是从 0.63 增加到 0.93。以这两个观测点为例，我们要进一步对四元件钻孔应变观测的相对实地标定的一些细节进行论述。

图 10－5 所示为两个观测点所有元件灵敏度矫正系数的时间序列曲线。

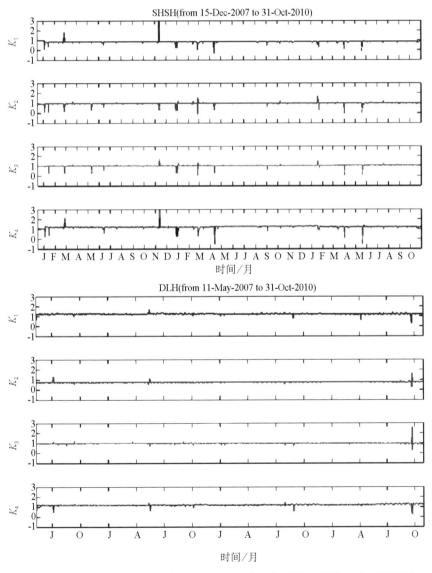

图 10－5　佘山（SHSH）和德令哈（DLH）台的相对矫正系数 K_i 值时间序列

在这里的分析中，元件灵敏度矫正系数是按日计算的，即每一组 K_i （$i = 1$，2，3，4）值都用 24 小时的数据计算给出。由图 10 - 5 可见，在从 2007 到 2010 的数年时间里，除那些"坏点"外，两个观测点的所有元件灵敏度矫正系数随时间变化都很小，基本保持稳定。这是最重要的。它表明在钻孔中确实存在元件灵敏度的变化，对观测数据进行相对矫正是有意义的。

为进一步说明相对矫正的意义，我们分别令：$R_d = (R_1 + R_3) - (R_2 + R_4)$ 和 $S_d = (S_1 + S_3) - (S_2 + S_4)$。前者表示矫正前两组互相垂直的元件观测值之和的差，后者表示矫正后两组互相垂直的元件观测值之和的差。在理想情况中，R_d 和 S_d 都应该等于 0。在实际情况中，当元件灵敏度在钻孔中发生变化与出厂值不同时，R_d 将不再为 0，而通过实地相对矫正得到的 S_d 将比 R_d 变化幅度小。由此可以判断相对矫正的效果。

图 10 - 6 给出佘山和德令哈两个观测点的 R_d 和 S_d 的变化曲线。由此可见，矫正前，佘山观测点的 R_d 的曲线随固体潮有相当大的变化；矫正后，S_d 的曲线变化幅度明显变小，已经几乎看不出来有随固体潮的变化。德令哈观测点的情况与此完全类似。

需要说明的是，对四元件钻孔应变观测数据进行相对实地标定的矫正并不总是必不可少的。对于 4 个元件的观测数据自洽比较好的情况，通常可以不对数据进行矫正。进行相对实地标定后，如果灵敏度矫正系数出现负数，或者随时间变化很大，而不是一个比较稳定的值，那么用这样的矫正系数进行的矫正也是不可靠的。

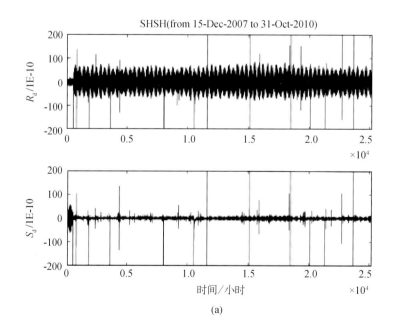

(a)

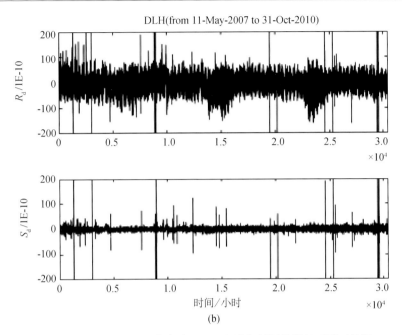

图 10 - 6　佘山（a）和德令哈（b）地震台观测数据相对矫正效果

在（a）和（b）中，上图：$R_d = (R_1 + R_3) - (R_2 + R_4)$；下图：$S_d = (S_1 + S_3) - (S_2 + S_4)$

10.6　绝对实地标定

在钻孔张量应变观测方法的理论模型式（10 - 1）中，有两个耦合系数 A 和 B。要从直接观测读数换算岩石应变变化，就必须给出这两个参数的值。物理上，这两个参数是由很多因素决定的。这些因素涉及双环模型的所有材料（围岩、水泥和套筒）的弹性参数和几何参数（Gladwin & Hart，1985；张凌空和牛安福，2013）。理论上，不管计算多么复杂，只要所有这些参数是已知的，就能求出两个耦合系数。但是实际上，有些参数（例如，水泥的弹性参数）一般是难以得到的。因此我们通常不能用这样的方法来确定耦合系数。

我们通常用反演的方法来求解耦合系数。这种过程称为实地标定，也称为绝对实地标定（邱泽华等，2005b；Qiu，Tang et al.，2013）。

根据式（10 - 1）以及式（10 - 2），可以导出两个简单的公式来确定两个耦合系数，即进行实地标定：

$$
\begin{cases}
s_a = 2A(\varepsilon_1 + \varepsilon_2) \\
s_s \equiv \sqrt{s_{13}^2 + s_{24}^2} = 2B(\varepsilon_1 - \varepsilon_2)
\end{cases}
\tag{10 - 10}
$$

其中

$$\begin{cases} s_{13} \equiv S_1 - S_3 \\ s_{24} \equiv S_2 - S_4 \\ s_a \equiv (S_1 + S_2 + S_3 + S_4)/2 \end{cases} \tag{10-11}$$

式（10-10）中的两个方程对应两个不变量，前一个是面应变，后一个是最大剪应变。重要的是，两个不变量都与角度无关。式（10-10）的两个方程还可以写成

$$\begin{cases} s_a = 2A(\varepsilon_N + \varepsilon_E) \\ s_s = 2B\sqrt{(2\varepsilon_{NE})^2 + (\varepsilon_N - \varepsilon_E)^2} \end{cases} \tag{10-12}$$

其中（ε_N，ε_E，ε_{NE}）是用地理坐标表示的应变。这里需要注意的是，耦合系数 A 和 B 可以分别求得。

对于式（10-10）和式（10-12），如果方程右边的应变信号值已知，那么可以由观测量直接求得 A 和 B。但是，这种应变信号值通常是不知道的。在实际反演中，一般只能把理论固体潮当作信号值来进行计算（骆鸣津等，1989；Hart et al.，1996；Roeloffs，2010）。

作为一级近似，这里的四元件钻孔应变观测的实地标定，是用理论固体潮线性拟合观测值的方法进行的。实际所用公式为

$$\begin{cases} s_a(t) = 2AT_a(t) + C_a \\ s_s(t) = 2BT_s(t) + C_s \end{cases} \tag{10-13}$$

其中，$s_a(t)$ 和 $s_s(t)$ 分别表示与面应变和最大剪应变对应的观测量，而 $T_a(t)$ 和 $T_s(t)$ 分别表示理论固体潮的面应变和最大剪应变。C_a 和 C_s 为两个常数。

图 10-7 给出甘肃省高台（GT）观测点的小时增量观测值 $s_a(t)$ 和 $s_s(t)$ 曲线、固体潮小时增量理论值 $T_a(t)$ 和 $T_s(t)$ 曲线以及按日计算的两个耦合系数的时间序列曲线。由图 10-7 可见，观测固体潮曲线与理论固体潮曲线基本上一致，而两个耦合系数则各自在一个稳定的水平上波动。我们把这个稳定的水平，即两个时间序列各自的均值，当作 A 和 B 的值，用来计算应变变化。

实地标定反演使用的理论应变固体潮，是一般常用的建立在几何球对称的弹性地球模型上的（例如，Beaumont & Berger，1975）。这里只考虑由太阳和月亮的运行引起的万有引力变化的影响，不考虑其他因素（例如，海洋潮汐、地形以及地质构造等）的影响（Berger & Beaumont，1976；Agnew，1997）。

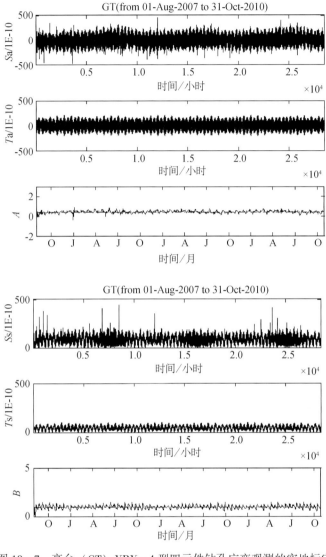

图 10 - 7　高台（GT）YRY - 4 型四元件钻孔应变观测的实地标定
（用固体潮求解 A 和 B）

我们用相关系数 rA 和 rB 来描述观测固体潮与理论固体潮的相似程度，用标准差 $stdA$ 和 $stdB$ 表示时间序列的波动程度。图 10 - 8 给出 24 个观测点的绝对实地标定结果。这里未对数据作任何处理，只去掉了 5% 的 "坏点"。

由图 10 - 8 可见，对于大多数观测点而言，耦合系数 A 和 B 的变化不是特别大，前者总是小于后者。这符合钢制套筒的变形特征，即形状易变而面积难变。正如相关系数 rA 和 rB 以及标准差 $stdA$ 和 $stdB$ 表示的那样，对 A 的拟合一般好于对 B 的拟合。其原因现在还不清楚。

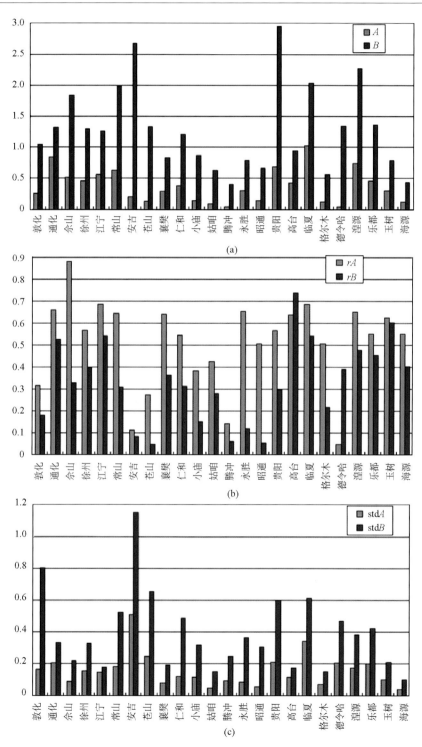

图 10 - 8　24 个 YRY - 4 型四元件钻孔应变观测点的实地标定结果

（a）耦合系数 A 和 B；（b）相关系数 rA 和 rB；（c）标准差 std$A$ 和 std$B$

10.7　应变换算

四元件钻孔应变仪直接观测的是其探头套筒的变形。周围岩石的应变变化必须根据式（10-1）或式（10-2）由观测值换算而来。因为平面应变只有 3 个独立分量，4 个观测值可以给出 4 组应变变化的换算结果。当数据完美地保持自洽时，所有解必然相同，从而给出一致的结果。但是实际观测数据一般并非完美自洽，因而需要给出综合的结果。

四元件钻孔应变仪的独特设计为解决这个问题提供了简单的方法。用公式（10-11）的替换，根据理论模型式（10-2），我们有

$$\begin{cases} s_{13} = 2B(\varepsilon_1 - \varepsilon_2)\cos2(\theta_1 - \phi) \\ s_{24} = -2B(\varepsilon_1 - \varepsilon_2)\sin2(\theta_1 - \phi) \\ s_a = 2A(\varepsilon_1 + \varepsilon_2) \end{cases} \tag{10-14}$$

由式（10-14），可以导出求解最大和最小主应变以及主方向的简单公式：

$$\begin{cases} \varepsilon_1 = \dfrac{1}{4A}s_a + \dfrac{1}{4B}\sqrt{s_{13}^2 + s_{24}^2} \\ \varepsilon_2 = \dfrac{1}{4A}s_a - \dfrac{1}{4B}\sqrt{s_{13}^2 + s_{24}^2} \\ \phi = \dfrac{1}{2}\arctan\left(\dfrac{s_{24}}{s_{13}}\right) + \theta_1 \end{cases} \tag{10-15}$$

式（10-11）的对称替换，包含所有由式（10-2）表示的 4 个直接观测量的信息。图 10-9 给出它们在元件坐标系中的物理意义。在图 10-9 中，实线表示变形前的形状，虚线表示变形后的形状。这里给出的是应变的正变化。实际上，在这个坐标系中，可以给出 3 个互相独立的应变分量（ε_a，γ_1，γ_2），其与 3 个替换观测量的关系是

$$\begin{cases} \varepsilon_a = \dfrac{1}{2A}s_a \\ \gamma_1 = \dfrac{1}{2B}s_{13} \\ \gamma_2 = \dfrac{1}{2B}s_{24} \end{cases} \tag{10-16}$$

其中 ε_a 是面应变，γ_1 和 γ_2 是两个互相独立的剪应变（Frank，1966）。（ε_a，γ_1，γ_2）在工程上应用很多，称为工程应变。

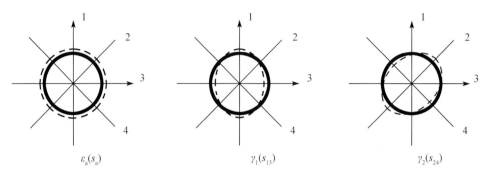

图 10 - 9　3 个替代观测量的物理意义

实线圆表示变形前的形状，虚线表示圆变形后的形状

用工程应变计算出主应变和主方向的公式为

$$
\begin{cases}
\varepsilon_1 = \dfrac{1}{2}\varepsilon_a + \dfrac{1}{2}\sqrt{\gamma_1^2 + \gamma_2^2} \\[2mm]
\varepsilon_2 = \dfrac{1}{2}\varepsilon_a - \dfrac{1}{2}\sqrt{\gamma_1^2 + \gamma_2^2} \\[2mm]
\phi = \dfrac{1}{2}\arctan\left(\dfrac{\gamma_2}{\gamma_1}\right) + \theta_1
\end{cases}
\tag{10-17}
$$

在地理坐标系中，平面应变可以表示为（ε_N，ε_E，ε_{NE}）。其中，ε_N 和 ε_E 是两个分别指向北南和东西的正应变，ε_{NE} 是对应的剪应变（图 10 - 10）。这种表示实际上更常用。（ε_N，ε_E，ε_{NE}）与（ε_1，ε_2，ϕ）的关系是

$$
\begin{cases}
\varepsilon_N = \dfrac{\varepsilon_1 + \varepsilon_2}{2} + \dfrac{\varepsilon_1 - \varepsilon_2}{2}\cos2(0 - \phi) \\[2mm]
\varepsilon_E = \dfrac{\varepsilon_1 + \varepsilon_2}{2} + \dfrac{\varepsilon_1 - \varepsilon_2}{2}\cos2\left(\dfrac{\pi}{2} - \phi\right) \\[2mm]
\varepsilon_{NE} = -\dfrac{\varepsilon_1 - \varepsilon_2}{2}\sin2(0 - \phi)
\end{cases}
\tag{10-18}
$$

需要说明的是，我们仍然需要用随时间的变化量来进行应变换算。因为式（10 - 15）以及式（10 - 18）不是简单的线性关系，所以应变换算不能直接用该式来完成。我们需要给出地理坐标应变分量与观测值的线性关系式。

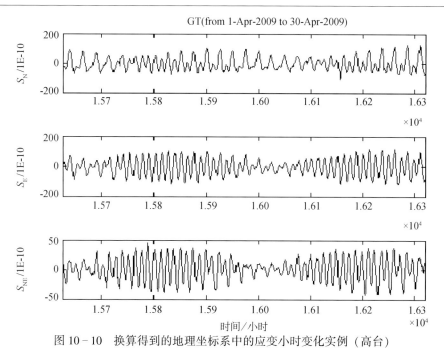

图 10 – 10　换算得到的地理坐标系中的应变小时变化实例（高台）

将式（10 – 15）代入式（10 – 18）得

$$\begin{cases} \varepsilon_{\mathrm{N}} = \dfrac{1}{4A}s_a + \dfrac{1}{4B}\sqrt{s_{13}^2 + s_{24}^2}\ \cos 2\phi \\[3mm] \varepsilon_{\mathrm{E}} = \dfrac{1}{4A}s_a - \dfrac{1}{4B}\sqrt{s_{13}^2 + s_{24}^2}\ \cos 2\phi \\[3mm] \varepsilon_{\mathrm{NE}} = \dfrac{1}{4B}\sqrt{s_{13}^2 + s_{24}^2}\ \sin 2\phi \end{cases} \quad (10 - 19)$$

根据式（10 – 14），我们有

$$\tan 2(\phi - \theta_1) = \frac{s_{24}}{s_{13}} \quad (10 - 20)$$

由此得

$$\begin{cases} \sin 2(\phi - \theta_1) = \dfrac{s_{24}}{\sqrt{s_{13}^2 + s_{24}^2}} \\[4mm] \cos 2(\phi - \theta_1) = \dfrac{s_{13}}{\sqrt{s_{13}^2 + s_{24}^2}} \end{cases} \quad (10 - 21)$$

将三角函数关系

$$
\begin{cases}
\cos2\phi = \cos2\left[(\phi - \theta_1) + \theta_1\right] \\
\qquad = \cos2(\phi - \theta_1)\cos2\theta_1 - \sin2(\phi - \theta_1)\sin2\theta_1 \\
\sin2\phi = \sin2\left[(\phi - \theta_1) + \theta_1\right] \\
\qquad = \sin2(\phi - \theta_1)\cos2\theta_1 + \cos2(\phi - \theta_1)\sin2\theta_1
\end{cases}
\tag{10-22}
$$

代入式（10-19），最终得到四元件钻孔应变观测的地理坐标应变换算公式

$$
\begin{cases}
\varepsilon_{\mathrm{N}} = \dfrac{1}{4A}s_{\mathrm{a}} + \dfrac{1}{4B}(s_{13}\cos2\theta_1 - s_{24}\sin2\theta_1) \\[2mm]
\varepsilon_{\mathrm{E}} = \dfrac{1}{4A}s_{\mathrm{a}} - \dfrac{1}{4B}(s_{13}\cos2\theta_1 - s_{24}\sin2\theta_1) \\[2mm]
\varepsilon_{\mathrm{NE}} = \dfrac{1}{4B}(s_{24}\cos2\theta_1 + s_{13}\sin2\theta_1)
\end{cases}
\tag{10-23}
$$

用地理坐标应变（ε_{N}，ε_{E}，$\varepsilon_{\mathrm{NE}}$），理论模型式（10-1）可以写成

$$
S_i = A(\varepsilon_{\mathrm{N}} + \varepsilon_{\mathrm{E}}) + B\left[(\varepsilon_{\mathrm{N}} - \varepsilon_{\mathrm{E}})\cos2\theta_i + 2\varepsilon_{\mathrm{NE}}\sin2\theta_i\right]
\tag{10-24}
$$

将式（10-23）代入式（10-24），又有

$$
\begin{aligned}
S_i &= \frac{1}{2}s_{\mathrm{a}} + \frac{1}{2}\left[(s_{13}\cos2\theta_1 - s_{24}\sin2\theta_1)\cos2\theta_i\right. \\
&\quad \left. + (s_{24}\cos2\theta_1 + s_{13}\sin2\theta_1)\sin2\theta_i\right] \\
&= \frac{1}{2}s_{\mathrm{a}} + \frac{1}{2}(s_{13}\cos2\theta_i\cos2\theta_1 + s_{13}\sin2\theta_i\sin2\theta_1) \\
&\quad + \frac{1}{2}(s_{24}\sin2\theta_i\cos2\theta_1 - s_{24}\cos2\theta_i\sin2\theta_1) \\
&= \frac{1}{2}s_{\mathrm{a}} + \frac{1}{2}\left[s_{13}\cos2(\theta_i - \theta_1) + s_{24}\sin2(\theta_i - \theta_1)\right]
\end{aligned}
\tag{10-25}
$$

式（10-25）是用实际观测值表示的任意方向的套筒直径相对变化。

与式（10‐1）和式（10‐15）不同，式（10‐23）和式（10‐24）明显是线性的。无论对于全量还是对于增量，其形式不发生变化。式（10‐23）和式（10‐24）既可以用于求观测量的微分（差分）或积分（累加），也可以用于求实际岩石应变的微分（差分）或积分（累加），因此更加重要。

第 11 章 张量应变地震观测

YRY－4 型四元件钻孔应变仪的观测实验表明，这种仪器可以作为应变地震仪使用。

11.1 姑咱实验

早在 20 世纪 50 年代，Benioff 等人（1961）就设计制作了一种应变地震仪，并根据其观测结果进行了地球自由振荡研究。但是 Benioff 等人使用的应变仪是基线式的（伸缩仪），只能给出线应变变化，不像四元件钻孔式观测能给出应变张量变化。另外，传统的基线式应变观测，其传感器一般很长，是不利于观测高频信号的。

在中国地震局下属的四元件钻孔应变观测台网中，观测采样率被统一设定为每分钟一次记录。但是，仪器研制人员根据长期的实践经验认为：在这种采样率下，钻孔应变仪的频率响应能力不能得到充分发挥；这种仪器应该不仅在长周期一端能正常工作，而且在短周期一端同样有巨大的潜能。

近些年来，对中国现有的几种钻孔应变仪陆续开展了地震波观测实验。在中国地震局地壳应力研究所所辖的北京昌平台，进行过 RZB 型四元件钻孔应变仪的高采样率观测（杨选辉等，2011）。与附近十三陵台的传统地震仪观测的远震数据进行对比，发现二者的频谱很相似。但是，一方面当时观测所用仪器出现了坏道，记录不完整；另一方面也未记录到地方震。山西昔阳台也进行过高采样率的钻孔体应变仪的观测，记录到远震、近震和地方震（郭燕萍等，2012）。与附近的传统地震仪记录进行频谱对比，二者也非常一致。但是体应变缺少方向性，与张量应变仪相比，提供的信息太少。

2008 年 3 月 17 日，池顺良等在四川省姑咱台用 YRY－4 型四元件钻孔应变仪进行了数小时的每秒 100 次采样（100sps）观测，碰巧记录到发生在四川省康定的 3 次 3 级左右的地震。用这种四元件钻孔应变仪完整地记录到地方震，在中国是第一次。美国和日本也都曾经用钻孔应变仪记录到地震波。Barbour & Agnew（2012）通过对美国的钻孔应变观测数据的分析提出，与传统的地震仪相比，钻孔应变仪记录的地震波信噪比要大一些。

YRY－4 型四元件钻孔应变仪在姑咱台记录到的 3 个地方震，其基本参数如表 11－1 所列。这些参数是由当地的地震台网测定的。由表 11－1 可见，3 个地震大体位置相同，而姑咱台位于震中以北约 70km 处（图 11-1）。图 11-2 给出 3 个地方震的应变观测记录曲线。每个地震都有四元件记录。在所有这些曲线上，P 波和 S 波都清晰可辨。因为震中位置基本相同，3 个地震的所有记录都显示，P 波到达之后约 8s，S 波到达。图 11-1 同时绘出了姑咱台 YRY-4 型四元件钻孔应变仪的 4 个线应变传感器的方向。

表 11-1　2008 年 3 月 17 日 3 个康定地震的基本参数（据四川省地震局）

时间	纬度/（°）	经度/（°）	震级
04：03：02	29.48	102.17	3.50
04：34：42	29.48	102.17	2.30
04：43：37	29.50	102.17	2.70

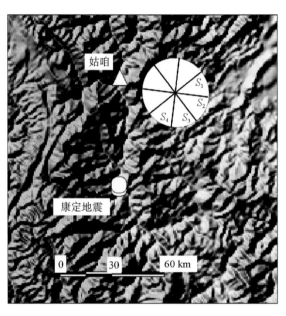

图 11-1　四川姑咱台和 3 个康定地震的位置
图中标明了姑咱台 YRY-4 型钻孔应变仪 4 个元件的方向

　　按照四元件钻孔应变观测的数据分析方法，要换算应变变化，首先要根据式（10-11）对原始的观测量进行变量替换，这样得到图 11-3 的曲线。这里需要特别注意的是，所有 3 个地震的曲线 S_1+S_3 与 S_2+S_4 都是很近似的。

　　我们还可以用拟合的方法来描述 S_1+S_3 与 S_2+S_4 的近似程度（图 11-4）。当数据完全自洽时，所有的点都应该位于 $S_1+S_3=S_2+S_4$ 的直线上。在图 11-4 中，所有的点都在 $S_1+S_3=S_2+S_4$ 的直线附近。这说明实际观测接近理论预期。

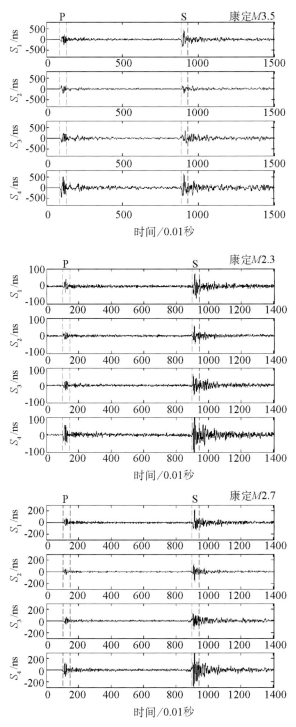

图 11-2　姑咱台 YRY-4 型四元件钻孔应变仪记录的 3 个康定地震的 P 波和 S 波曲线

观测值单位 ns：纳应变（10^{-9}）

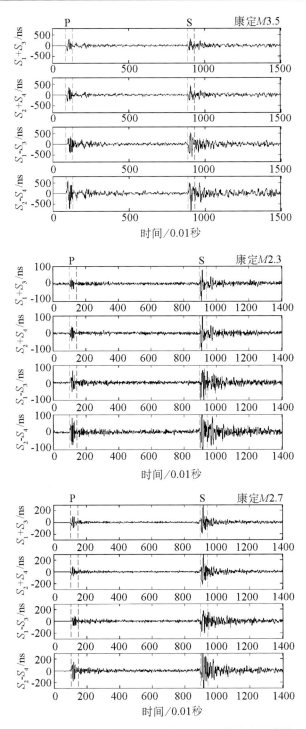

图 11－3　3 个康定地震的 P 波和 S 波的替换变量曲线

观测值单位 ns：纳应变（10^{-9}）

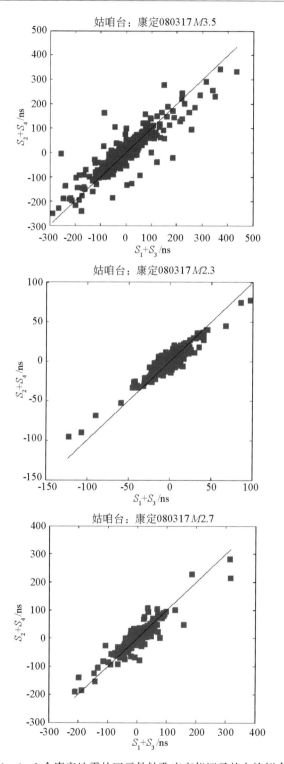

图 11 - 4　3 个康定地震的四元件钻孔应变仪记录的自洽拟合图

11.2　与摆式地震观测的频谱比较

传统的摆式地震仪观测的是一个点的位移或者速度或者加速度变化。这种地震仪可以称为位移地震仪，已经被公认为达到成熟。与传统的摆式地震仪不同，应变地震仪是在一个点上观测位移的空间变化率，正在趋于成熟。除 YRY - 4 型四元件钻孔应变仪外，姑咱台还有 CTS - 1 型宽频带摆式地震仪。我们可以通过对比 YRY - 4 型钻孔应变仪与 CTS - 1 型摆式地震仪的观测频谱，来判断 YRY - 4 型钻孔应变仪的频响性能（Qiu et al.，2015）。

CTS - 1 型摆式地震仪有北南（U_N）、东西（U_E）和竖直（U_U）3 个观测分量。然而，因为 YRY - 4 型四元件钻孔应变仪只观测水平面的应变变化，所以两种仪器的比较只能限于水平分量。我们可以由 YRY - 4 型钻孔应变仪实际观测的 4 个方向的探头套筒内径相对变化，换算得到北南和东西两个方向的探头套筒内径相对变化，然后用来与 CTS - 1 型摆式地震仪的北南和东西分量的观测进行对比。

根据式（10 - 25），四元件钻孔应变仪北南和东西方向探头套筒内径相对变化为

$$\begin{cases} S_N = \dfrac{1}{2}s_a + \dfrac{1}{2}\big[\, s_{13}\cos2(0 - \theta_1) + s_{24}\sin2(0 - \theta_1)\,\big] \\ S_E = \dfrac{1}{2}s_a + \dfrac{1}{2}\left[s_{13}\cos2\left(\dfrac{\pi}{2} - \theta_1\right) + s_{24}\sin2\left(\dfrac{\pi}{2} - \theta_1\right) \right] \end{cases} \quad (11 - 1)$$

图 11 - 5 绘出 3 个地震的 YRY - 4 和 CTS - 1 的北南和东西分量的变化曲线。

图 11 - 6 是 YRY - 4 和 CTS - 1 两种仪器记录的 3 个地震观测曲线的功率谱密度（PSD）。尽管两种仪器观测的物理量不同，前者是一点的应变变化，后者是一点的运动，但是这两种物理量都属于同一运动过程，因而其频谱应该一致。

从图 11 - 6 中我们看到，对于所有 3 个地震，YRY - 4 型钻孔应变仪记录的功率谱密度与 CTS - 1 型地震仪基本相似。这些频谱显示，前者的频率响应不比后者差。实际上，CTS - 1 型地震仪的频率响应范围在高频端只能达到 40sps，而 YRY - 4 型应变仪的频响范围在高频端不低于 50sps。

YRY - 4 型四元件钻孔应变仪在低频端的频响性能比传统的摆式地震仪好得多，这是毋庸置疑的。姑咱台的钻孔应变仪地震记录，进一步显示了其在高频端的卓越能力。

由此我们得到一个重要的认识：钻孔应变观测可能覆盖大地测量的整个频率范围。

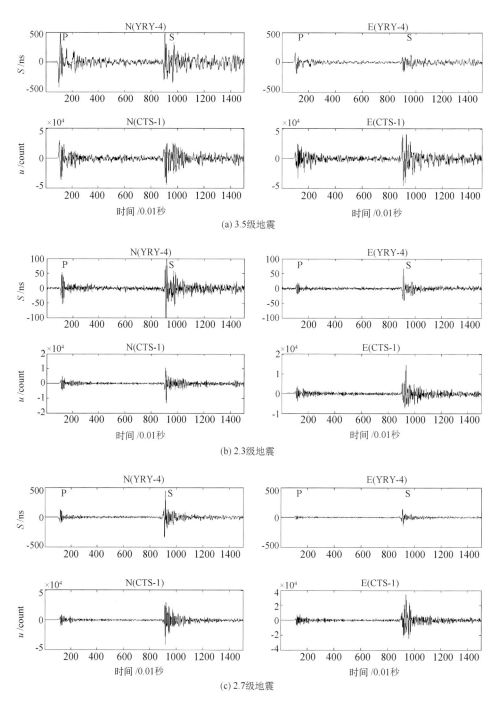

图 11-5　3 个康定地震的 YRY-4 和 CTS-1 的北南和东西分量的观测曲线

上为 YRY-4 观测，下为 CTS-1 观测；左为北南方向观测，右为东西方向观测

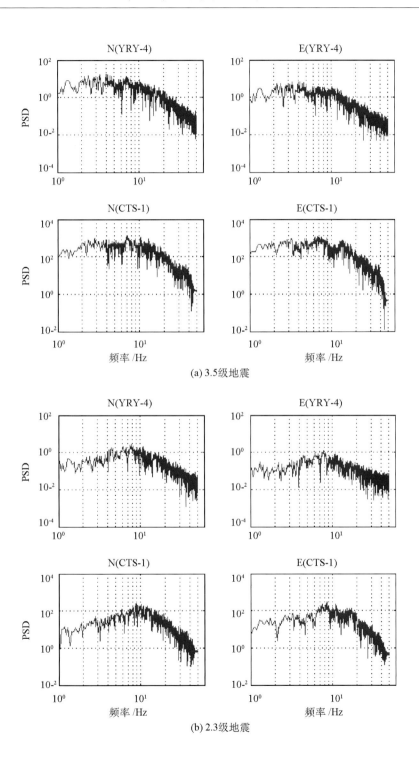

(a) 3.5级地震

(b) 2.3级地震

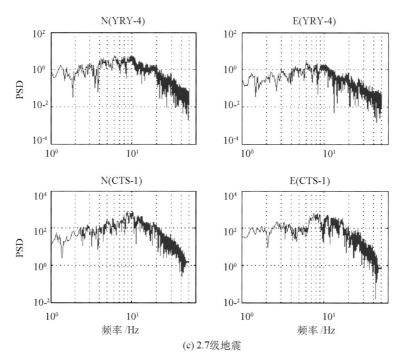

图 11 - 6　3 个康定地震的 YRY - 4 和 CTS - 1 型仪器的北南和东西分量的
双对数坐标功率谱密度（PSD）

对于每个地震，上为 YRY - 4 观测频谱，下为 CTS - 1 观测频谱；

左为北南分量的观测频谱，右为东西分量的观测频谱

第 12 章　体波的观测应变图像

非对称线弹性理论有关弹性波应变性质的结论，没有实际观测结果是难以得到的。表面上看，这里的观测结果是在验证该理论的结论，而实际上，这些结论就是从观测中总结提取的。

本章利用姑咱地震台的实验观测的几个地方震的数据，讨论 P 波和 S 波的应变图像。

12.1　P 波与 S 波的体积变化

P 波和 S 波是两种性质不同的波。P 波有体积变化，而 S 波没有体积变化，这是两种波的一个区别。因为 YRY－4 型四元件钻孔应变观测是二维的，所以不可能对体积变化问题进行完整的讨论。但是，将这种仪器观测的地震波与 CTS－1 型传统摆式位移地震仪观测的地震波进行一番对比，仍然可以使我们得到有关体积变化的重要认识。

一方面，钻孔应变观测可以给出面应变变化；另一方面，在与钻孔应变观测平面垂直的方向上，CTS－1 型地震仪的观测可以给出地面运动的信息。当地下岩石在竖直方向受到压缩时，地面就向上运动；反之，在竖直方向受到拉张时，就向下运动。结合两种观测，可以判断体积是变大还是变小。

当面应变为正时，表示面积有所增大，说明观测点附近水平面受到拉张；此时如果地面运动朝下，那么就可以判断这里垂直方向也受到拉张，即受到三维的拉张作用。反之，当面应变为负时，表示面积有所减小，说明观测点附近水平面受到压缩；此时如果地面运动朝上，那么就可以判断这里垂直方向也受到压缩，即受到三维的压缩作用。这两种情况都对应 P 波的应变。

就 S 波而言，情况截然不同。当面应变为正时，面积有所增大，观测点附近水平面受到拉张；要保持体积不变，垂直方向就不能再受到拉张，而必须受到压缩，此时地面运动应该向上。当面应变为负时，面积有所减小，观测点附近水平面受到压缩；要保持体积不变，垂直方向就不能再受到压缩，而必须受到拉张，此时地面运动必须朝下。

图 12－1 给出姑咱台记录的 3 个康定地震的面应变（s_a）和地面运动竖直分量（$\dot{u}_U$）的观测曲线。对比两种观测可见，这些地震的 P 波和 S 波初动规律正如我们所料。

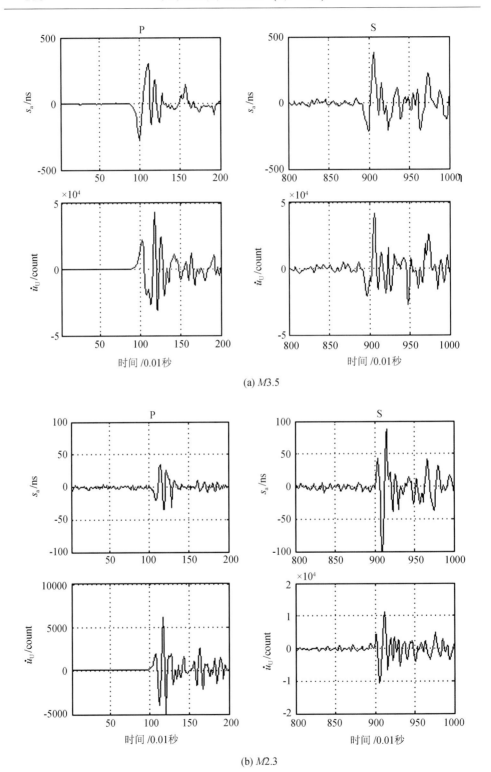

(a) $M3.5$

(b) $M2.3$

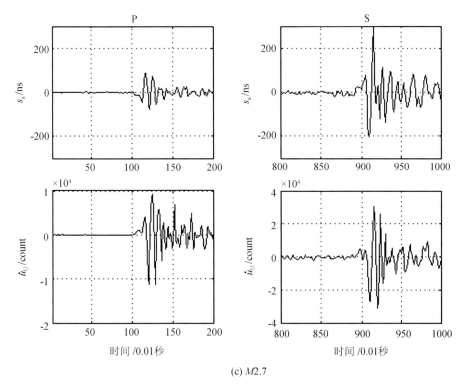

(c) *M*2.7

图 12 - 1　3 个康定地震的面应变（s_a）和竖直地面运动分量（$\dot{u}_U$）的
P 波和 S 波观测曲线

　　我们先看康定 3.5 级地震的情况。P 波的 YRY - 4 观测面应变初动为负，水平面受到压缩；此时 CTS - 1 观测的地面运动向上（为正），竖直方向也受到压缩，使体积变小；后续主要波形也是 YRY - 4 与 CTS - 1 正负相反。S 波的 YRY - 4 面应变初动为负，水平面受到压缩；此时 CTS - 1 观测的地面运动向下（为负），说明竖直方向受到拉张，这样才能保证体积不变化；后续主要波形也是 YRY - 4 与 CTS - 1 的观测同步。

　　康定 2.3 级地震和 2.7 级地震的情况是，P 波变化与 3.5 级地震相似，而 S 波变化与 3.5 级地震相反：初动面应变为正，水平面受到拉张；地面运动向上（为正），竖直方向受到压缩，使体积不变化；后续波形则同样是 YRY - 4 与 CTS - 1 的观测同步。

12.2　P 波水平应变图像

　　用应变仪观测的地震记录，可以绘出当地震波通过观测点时观测点所在位置每一时刻的应变图像。这是这种观测的一大优点。我们观测的只是平面应变。平面应变的图像可以用一个椭圆来表示。也就是说，原来的一个圆变形成椭圆。实际应变的量值极小。如果按照实际比例绘出椭圆，那么将看不出任何变化。因此，必须将变形按一定比例夸大，再绘出椭圆。

首先来考察康定 3.5 级地震 P 波的应变图像，见图 12-2。图 12-2 的时间段为图 11-2 和图 11-3 中 P 波的两条虚线所界的范围。为细致考察 P 波随时间的应变变化，图 12-2(a) 分别绘出各时刻的应变椭圆，并且按时间顺序进行了编号。图中虚线的圆（称为参考圆）代表变形前的情况，实线的椭圆代表变形后的情况。由图 12-2(b) 可见，该地震的 P 波观测曲线 S_1+S_3 与 S_2+S_4 变化非常相似，表明自洽良好。图 12-2(c) 绘出了该时间段所有 P 波应变椭圆叠加在一起的情况。

从图 12-2(a) 中我们看到，P 波可以从编号 7 的时刻起算。其基本特点开始是南北方向受压到 13，然后转为从 16 到 23 南北受拉。从图 12-2(c) 进一步可见，南北方向的主应变变化明显更大。图 12-2(c) 中还用黑线标明了椭圆长轴的方向，代表震中方位。

类似地，图 12-3 和图 12-4 分别绘出了康定 2.3 级地震和 2.7 级地震 P 波的应变变化。其与 3.5 级地震的情况基本相同。

我们可以这样归纳其中的规律：所有椭圆的两个主轴（主应变）基本保持方向不变；其中一个主轴长度变化明显更大，另一个主轴长度变化不明显。

对照一下图 11-1，我们看到震中基本上位于观测点的南方，而 P 波变化基本上也是南北方向出现压缩或拉张。这与理论预测是一致的：应变绝对值变化比较大的主轴方向与姑咱台到震中的连线方向一致。

康定 3 个地震变化比较大的应变主轴的方向实际上是北偏东一点，似乎与图 11-1 所示的姑咱台到震中的连线方向不完全符合。这应该是震中定位的偏差。下面的事实有助于说明这个偏差：

如果进一步仔细观察图 11-5 中 P 波的初动方向，我们可以看到，对于所有 3 个地震的 P 波初动，CTS-1 型地震仪的北南方向分量变化都是正的，表示向北运动；这与地震波从南边的震中传播过来并且初动具有压缩性质是一致的。同时我们还看到，东西方向也有量值小很多的正变化，表示向东运动，说明震中位于南边偏西一点。3 个地震的震中方位依次为 4°、7° 和 10°，反映了震中的迁移。

应变绝对值变化比较大的主轴方向与姑咱台到震中的连线方向一致，这个重要的规律可以用来确定地震发生的位置。例如，当有两个以上台站的张量应变仪地震记录时，就可以通过用两个台站各自记录的 P 波的变化比较大的应变主轴交汇来确定震中。

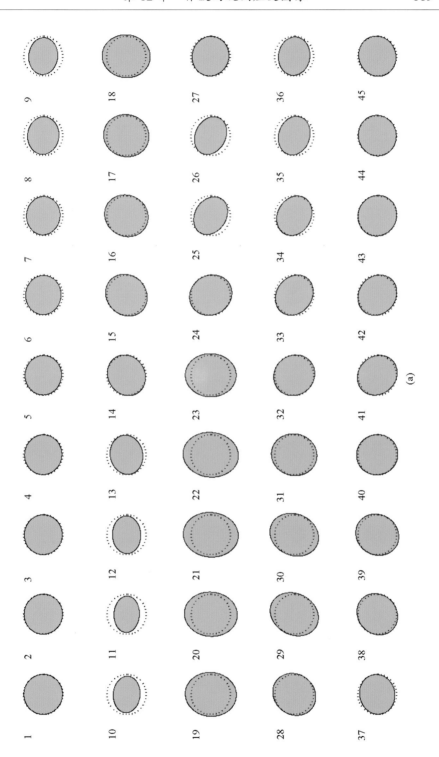

(a)

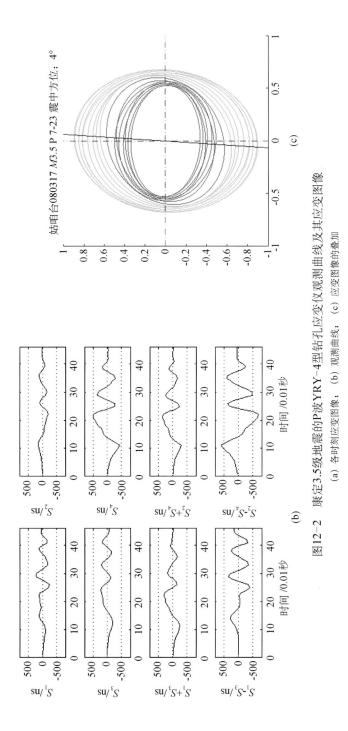

图12-2   康定3.5级地震的P波的YRY-4型钻孔应变仪观测曲线及其应变图像

(a) 各时刻应变图像；   (b) 观测曲线；   (c) 应变图像的叠加

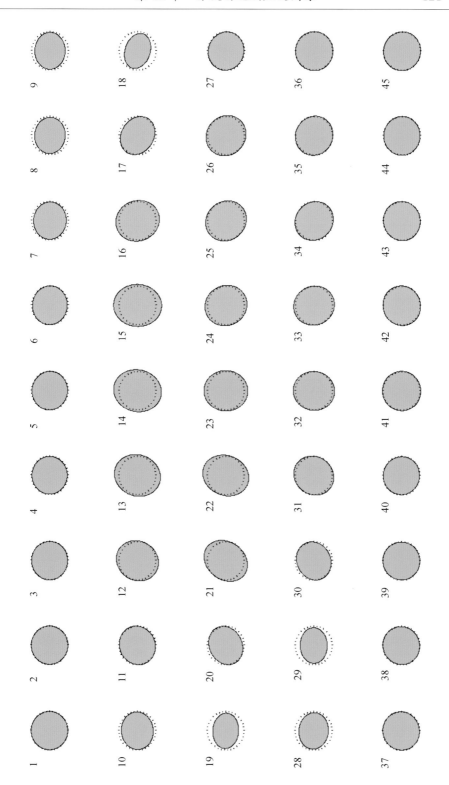

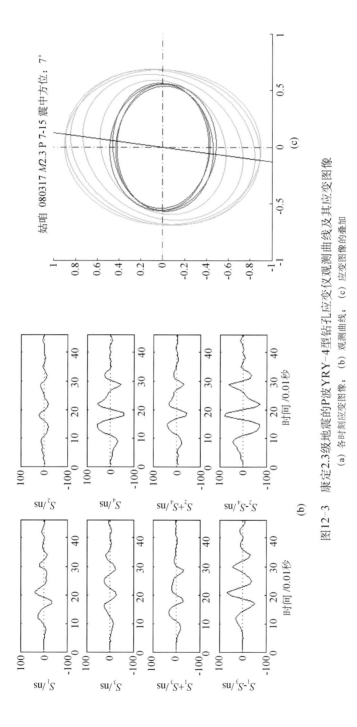

图12-3 康定2.3级地震的P波YRY-4型钻孔应变仪观测曲线及其应变图像
(a) 各时刻应变图像；(b) 观测曲线；(c) 应变图像的叠加

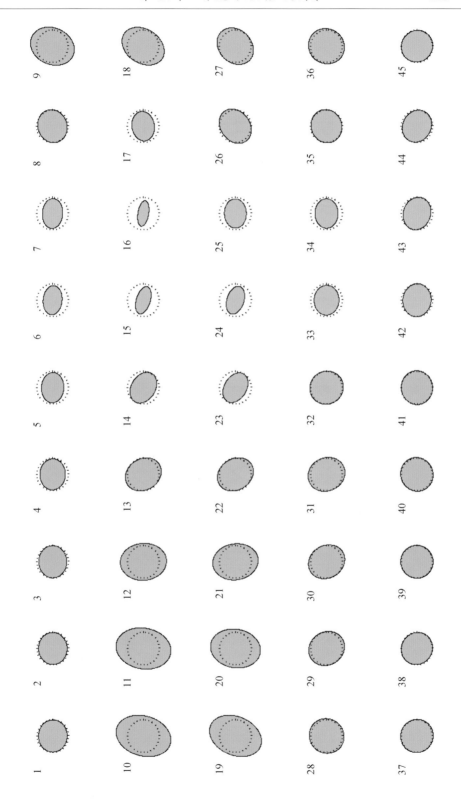

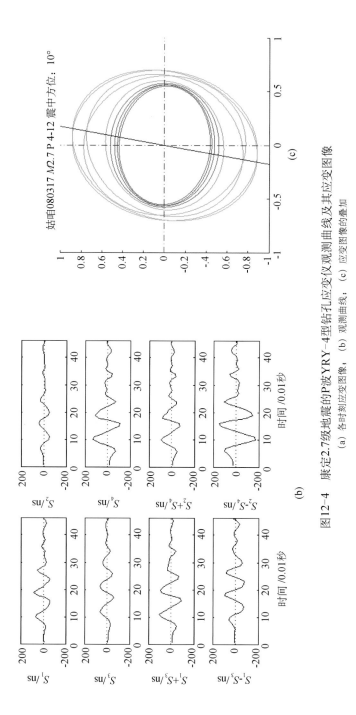

图12-4　康定2.7级地震的P波的YRY-4型钻孔应变仪观测曲线及其应变图像

(a) 各时刻应变图像；(b) 观测曲线；(c) 应变图像的叠加

12.3　S 波水平应变图像

对 S 波水平应变图像的研究具有特别重要的意义。本书第一版未能对 S 波的观测应变图像给出准确解释。在第二版中增加的有关 S 波偏振面的内容，就是为解释利用 S 波观测应变图像所作研究的最新成果。这种研究的深远意义在于，它将为用应变观测进行震源机制研究开辟道路。与传统方法相比，用应变观测研究震源机制，不仅可以大大减少所需地震台站的数目，而且将显著提高震源机制解的准确程度，是地震学的一个未来发展方向。但是，我们不能把 S 波的偏振面与双力偶震源机制简单地等同起来。用应变观测进行震源机制研究还需要更多的观测证据。

图 12 - 5 绘出了康定 3.5 级地震 S 波的变化曲线及各时刻的应变图像，时间段为图 11 - 2 和图 11 - 3 中 S 波的两条虚线所界的范围。图 12 - 5 （a） 分别绘出了各时刻的应变椭圆，并且按照时间顺序进行了编号。图中虚线的参考圆代表变形前的情况，蓝色的椭圆代表变形后的情况。由图 12 - 5 （b） 可见，该地震的 S 波观测曲线 S_1+S_3 与 S_2+S_4 非常相似，表明自洽良好。

我们看到，3.5 级地震的 S 波应变变化大体从 11 开始，一直到 17，是北偏东方向受压。然后从 21 到 27，是北偏东受拉。图 12 - 5 （c） 绘出了该时间段所有 S 波应变椭圆叠加在一起的图像。图中黑线指示震中方位，红色点划线为拉伸椭圆长轴方位。重要的是，S 波应变变化比较大的主轴方向明显与震中到观测点的连线方向不一致，方位角更大。因为震中方位角只有 4°，所以可以非常方便地与图 9 - 6 进行比较，来估计 S 波偏振面的情况。根据 S 波应变变化的基本特征，可知其偏振面相当稳定，与 $\lambda = 120°$ 而 $i = 60°$ （或 $\lambda = 240°$ 而 $i = 120°$）的情况大体对应。参照图 9 - 5，可以想见其空间展布。

图 12 - 6 绘出了 2.3 级地震 S 波的应变变化。图 12 - 7 绘出了 2.7 级地震 S 波的应变变化。这两个地震有自己的特点：在图 12 - 6 和图 12 - 7 中，我们看到，S 波都是以北西方向的小幅受拉开始，经过近南北方向的幅度更大的受压，然后转为北东方向的显著的受拉。这实际上意味着 S 波偏振面有转动。这里我们仍然要确定占主导地位的偏振面，就要选择能量最大的应变变化周期。因此，对于 2.3 级地震，我们选择 10~20 的应变变化，图 12 - 6 （c） 给出该时间段所有 S 波应变椭圆叠加在一起的图像，与 $\lambda = 120°$ 而 $i = 30°$ （或 $\lambda = 240°$ 而 $i = 150°$）的情况大体对应。对于 2.7 级地震，我们选择 12~24 的应变变化，图 12 - 7 （c） 给出该时间段所有 S 波应变椭圆叠加在一起的图像，与 $\lambda = 90°$ 而 $i = 60°$ （或 $\lambda = 270°$ 而 $i = 120°$）的情况大体对应。

归纳起来，3 个地震的 S 波偏振面尽管存在明显的差异，但是总体上是有一致性的。

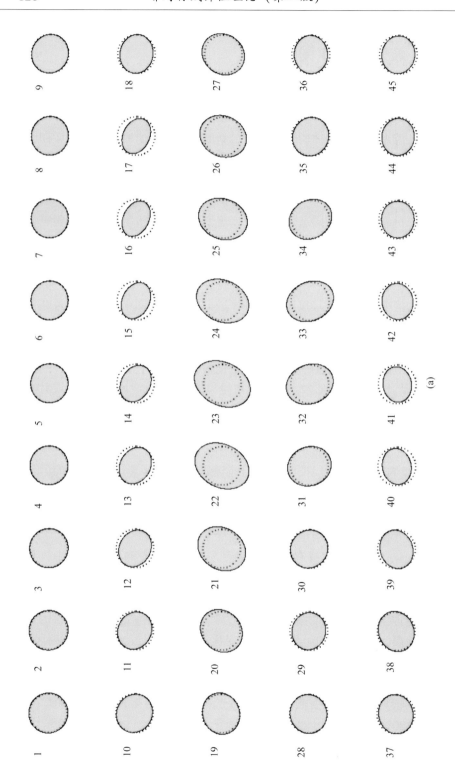

(a)

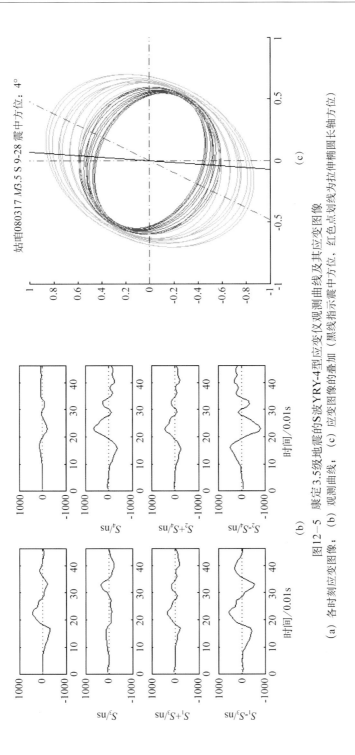

图12-5 康定 3.5 级地震的 S 波 YRY-4 型应变仪观测曲线及其应变图像

(a) 各时刻应变图像; (b) 观测曲线; (c) 应变图像的叠加 (黑线指示震中方位, 红色点划线为拉伸椭圆长轴方位)

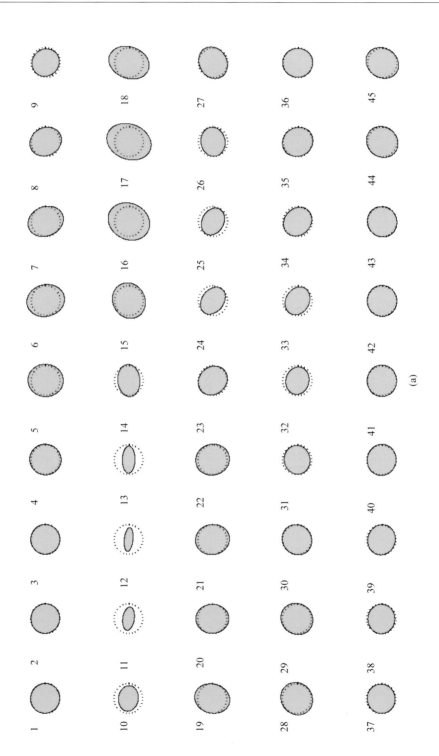

(a)

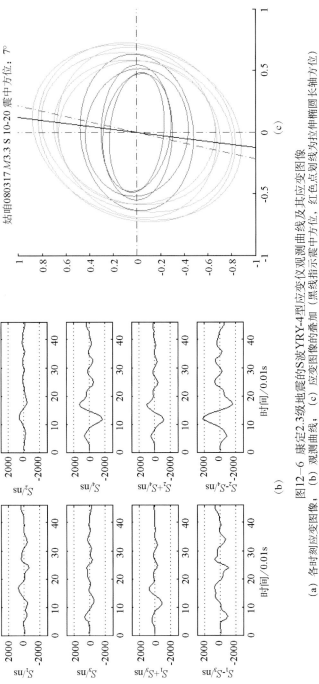

图12—6　康定2.3级地震的S波YRY-4型应变仪观测曲线及其应变图像

(a) 各时刻应变图像；　(b) 观测曲线；　(c) 应变图像的叠加（黑线指示震中方位，红色点划线为拉伸椭圆长轴方位）

(a)

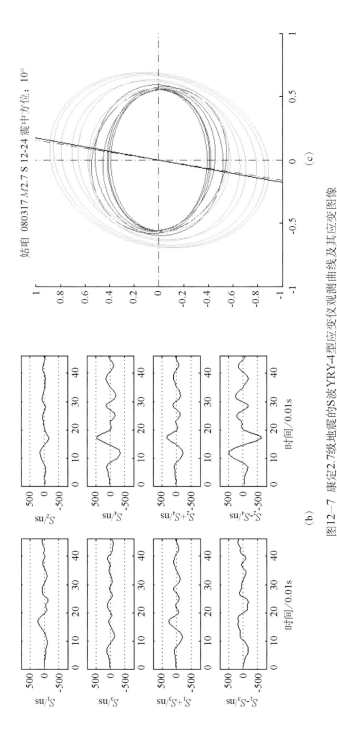

图12-7 康定2.7级地震的S波YRY-4型应变仪观测曲线及其应变图像

（a）各时刻应变图像；（b）观测曲线；（c）应变图像的叠加（黑线指示震中方位，红色点划线为拉伸椭圆长轴方位）

第 13 章　表面波的验证

目前已知并且已经研究得比较清楚的地震波主要有两类：体波和表面波（简称面波）。前面我们已经很好地解释了体波的观测应变变化图像，现在来考察面波的情况。当然，因为我们只有水平面的应变观测，所以仍然只能讨论水平面二维的情况。

面波在地表附近传播。因此，观测地表附近的水平应变变化的四分量钻孔应变仪，对于研究这种波有天生的优势。

13.1　位移地震观测的应用

8.2 节介绍过：①面波有两种，Rayleigh 波和 Love 波；②面波的射线坐标轴 x_1 除与射线平行外，还与地面平行；x_2 除与射线垂直外，还与地面平行；x_3 除与射线垂直外，还与地面垂直；③Rayleigh 波有 u_1 和 u_3 两个位移分量，都是 x_1 和 x_3 的函数；Love 波只有一个位移分量 u_1，也是 x_1 和 x_3 的函数。

这里还要特别说明一点：在水平面上，我们可以把表面波近似看成平面波（Igel，et al.，2005）。由此，可以利用式（8-1）得到式（8-2）中平面波所有非 0 的非对称应变分量

$$\begin{cases} u_{1,1} = \dfrac{\partial u_1}{\partial x_1} = -\dfrac{1}{c}\dfrac{\partial u_1}{\partial t}(t - x_1/c) \\[2mm] u_{2,1} = \dfrac{\partial u_2}{\partial x_1} = -\dfrac{1}{c}\dfrac{\partial u_2}{\partial t}(t - x_1/c) \\[2mm] u_{3,1} = \dfrac{\partial u_3}{\partial x_1} = -\dfrac{1}{c}\dfrac{\partial u_3}{\partial t}(t - x_1/c) \end{cases} \qquad (13-1)$$

这样就把位移时间导数和位移空间导数联系起来了。应变仪观测的是位移空间导数，传统地震仪观测的是位移时间导数。式（13-1）将两种观测联系起来，这里我们要对此进行验证。参照 Igel，et al.（2005）的选择，这里也把式（13-1）中的速度 c 设定为 5km/s。

我们实际上只有应变观测，而没有旋转观测。因此，对体波的研究只能限于讨论应变。但是，由于面波的特殊性，借助位移地震仪的观测，我们不仅可以讨论其观测应变变化图像，还可以说明其旋转情况。

目前，直接观测旋转已经有一些可行的方法（Nigbor，1994；Takeo，1998；McLeod，et al.，1998；Pancha，et al.，2000；Igel，et al.，2005；2007；Nigbor et al.，2009；Lee，Huang，et al.，2009；蔡乃成和付子忠，2009；Jedlička et al.，2009；Takamori et al.，2009）。其中比较成熟的是利用地震台阵进行的观测（Spudich et al.，1995；Spudich & Fletcher，2008；Lin et al.，2009）和利用激光陀螺仪进行的观测（Stedman，1997）。对这些旋转观测最有说服力的验证方法，就是在对面波的观测上与传统地震仪观测进行比较（Igel，et al.，2005）。

位移地震仪通常有北南（u_N）、东西（u_E）和竖直（u_U）3 个观测分量。地震波射线坐标系的位移与这些分量的关系为（参见图 13 - 1）：

$$\begin{cases} u_1 = u_N\cos\theta_r + u_E\sin\theta_r \\ u_2 = u_N\sin\theta_r - u_E\cos\theta_r \\ u_3 = u_U \end{cases} \qquad (13-2)$$

其中，θ_r 为地震波射线的方位角。

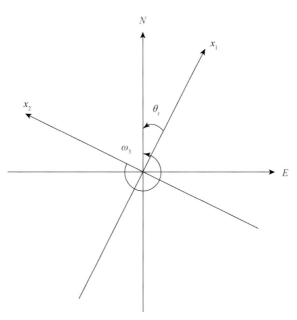

图 13 - 1　地理坐标系和射线坐标系的关系（地震波沿 x_1 方向传播）

13.2　应变地震波的提取

有别于位移地震仪观测，应变仪观测的信号既包含高频的地震信号，也包含低频的所谓背景变化，包括固体潮。因此，在分析应变仪观测的地震信号时，如何剔除背景变化就成为一个重要的问题。特别是大地震，延续时间比较长，只消除线性的趋势背景变化是不够的。一般情况，对于地震时段，可以认为背景变化由一个常数、一个线性变化和固体潮三部分构成。我们可以用

$$s(t) = a + bt + cT(t) \qquad (13-3)$$

表示这个背景变化，其中，$T(t)$ 表示理论固体潮。通过在地震时段上拟合实际观测，我们可以确定式（13-3）中的三个系数 a、b 和 c。在实际观测数据中扣除这个背景变化，就得到地震信号。

在剔除背景变化中需要注意的是，钻孔应变仪直接观测的并非应变，而是套筒直径的相对变化。一般地，不能直接用理论固体潮来拟合原始观测数据。由式（10-1）可见，这里有两个参数 A 和 B，钻孔应变的直接观测数据与应变不是简单的成比例的关系。

要进行没有实地标定的固体潮拟合，必须借助式（10-16）。在式（10-16）中只有一个参数，观测数据与理论应变是成比例的关系。固体潮的理论值一般是在地理坐标系中给出的。因此，在实际进行拟合的时候，我们用 s_0 和 s_{45} 替换 s_{13} 和 s_{24}

在实际计算中，可以用公式

$$\begin{cases} s_0 \equiv S_0 - S_{90} = s_{13}\cos2\theta_1 - s_{24}\sin2\theta_1 \\ s_{45} \equiv S_{45} - S_{135} = s_{24}\cos2\theta_1 + s_{13}\sin2\theta_1 \end{cases} \qquad (13-4)$$

换算 s_0 和 s_{45}，其中，S_0、S_{45}、S_{90} 和 S_{135} 分别表示方位角为 $0°$、$45°$、$90°$ 和 $135°$ 的套筒观测直径变化。实际上，当元件1的方位角 $\theta_1 = 0$ 时，$s_0 = s_{13}$，$s_{45} = s_{24}$；当 $\theta_1 \neq 0$ 时，可以利用式（10-25）求得 S_0、S_{45}、S_{90} 和 S_{135}，然后根据式（13-4）求出 s_0 和 s_{45}。

进行实地标定，求出 A 和 B，就可以计算观测应变分量。用 s_0 和 s_{45} 替换 s_{13} 和 s_{24} 之后，式（10-23）变为

$$
\begin{cases}
\varepsilon_N = \dfrac{1}{4A}s_a + \dfrac{1}{4B}s_0 \\[2mm]
\varepsilon_E = \dfrac{1}{4A}s_a - \dfrac{1}{4B}s_0 \\[2mm]
\varepsilon_{NE} = \dfrac{1}{4B}s_{45}
\end{cases}
\tag{13-5}
$$

对于二维情况，参照图 13-1，可以得到将地理坐标系的应变分量换算为射线坐标系的应变分量的公式

$$
\begin{bmatrix}
\varepsilon_{11} & -\varepsilon_{12} \\
-\varepsilon_{12} & \varepsilon_{22}
\end{bmatrix}
=
\begin{bmatrix}
\cos\theta_r & \sin\theta_r \\
-\sin\theta_r & \cos\theta_r
\end{bmatrix}
\begin{bmatrix}
\varepsilon_N & \varepsilon_{NE} \\
\varepsilon_{NE} & \varepsilon_E
\end{bmatrix}
\begin{bmatrix}
\cos\theta_r & -\sin\theta_r \\
\sin\theta_r & \cos\theta_r
\end{bmatrix}
\tag{13-6}
$$

即

$$
\begin{bmatrix}
\varepsilon_{11} \\
\varepsilon_{12} \\
\varepsilon_{22}
\end{bmatrix}
=
\begin{bmatrix}
\dfrac{1}{2}(\varepsilon_N + \varepsilon_E) + \dfrac{1}{2}(\varepsilon_N - \varepsilon_E)\cos 2\theta_r + \varepsilon_{NE}\sin 2\theta_r \\[2mm]
\dfrac{1}{2}(\varepsilon_N - \varepsilon_E)\sin 2\theta_r - \varepsilon_{NE}\cos 2\theta_r \\[2mm]
\dfrac{1}{2}(\varepsilon_N + \varepsilon_E) - \dfrac{1}{2}(\varepsilon_N - \varepsilon_E)\cos 2\theta_r - \varepsilon_{NE}\sin 2\theta_r
\end{bmatrix}
\tag{13-7}
$$

其中，θ_r 为地震波射线的方位角。

13.3　高台观测的墨西哥地震

在中国地震局"十五"计划期间建立的 YRY-4 型四元件钻孔应变观测点中，高台观测点的数据是最可靠的之一。作者因此建议在该观测点进行高频采样观测实验。在高台观测人员和池顺良先生的大力配合下，2014 年该建议得到实施。2014 年，该观测点进行了 10sps 采样率的连续观测，取得了非常完整的数据。

高台不仅有四元件钻孔应变观测，而且有传统的 CTS-1 型位移地震观测。这为对比研究提供了必要的条件。高台位移地震观测的采样率为 $100sps$，为进行两种观测的对比，我们需要从中提取出 10sps 采样率的数据，还要准确地对齐两种观测的时间，达到同步。

观测表明，Rayleigh 波和 Love 波是在面波传播过程中逐渐分离的。要清楚地

辨别这两种波，最好是用距观测点比较远的地震的资料。因为远，所以必须是比较大的地震，才能观测到清晰的波形。

2014 年 4 月 18 日，墨西哥发生了 M_S7.3 地震，震中距高台约 13300km（图 13 - 2）。这次地震足够大，也足够远。因此，高台的位移地震仪和四元件钻孔应变仪都记录到清晰的面波变化。

图 13 - 3 所示为高台 CTS - 1 型位移地震仪给出的射线坐标系地震波位移观测曲线。由此可以清楚地分辨出 Love 波和 Rayleigh 波。前者主要表现为位移 u_2

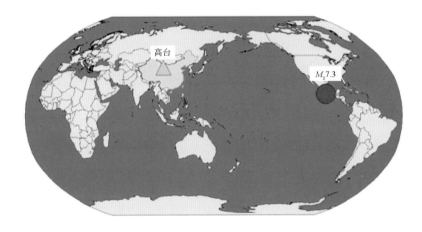

图 13 - 2　高台观测点和墨西哥 M_S7.3 地震震中的位置

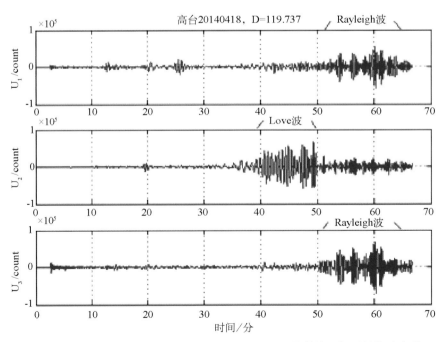

图 13 - 3　高台位移地震仪记录的墨西哥 M_S7.3 地震的射线坐标系的位移波形

的显著变化, 主要部分大致在 40~50 分钟之间。后者则有 u_1 和 u_3 的明显变化, 主要部分在 50 分钟之后。

图 13-4 所示为高台 YRY-4 型四元件钻孔应变仪给出的射线坐标系地震波水平应变观测曲线。这里同样可以清楚地分辨出 Love 波和 Rayleigh 波。前者以 ε_{12} 的显著变化为特征, 主要部分也大致在 40~50 分钟之间。后者则以 ε_{11} 的显著变化为特征, 主要部分在 50 分钟之后。这些观测结果, 与理论推测非常符合。

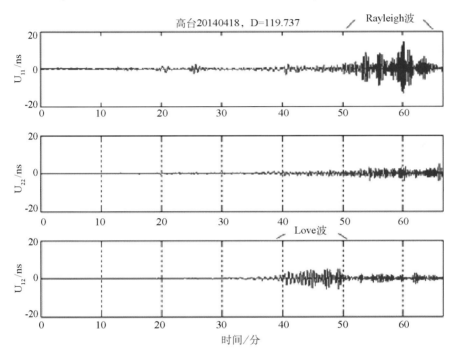

图 13-4　高台钻孔应变仪记录的墨西哥 $M_S7.3$ 地震的射线坐标系的应变波形

13.4　两种观测量的比较

根据式 (8-28), Rayleigh 波的水平应变分量只有 $\varepsilon_{11} = \dfrac{\partial u_1}{\partial x_1} \neq 0$。图 13-5 表明, YRY-4 型钻孔应变仪观测的 ε_{11} 与 CTS-1 型位移地震仪观测的 $u_{1,1} = \dfrac{\partial u_1}{\partial x_1}$ 曲线形态基本相同。这说明, 把 Rayleigh 面波近似看作平面波是可行的。

根据式 (8-29), Love 波的水平应变分量只有 $\varepsilon_{12} = \dfrac{1}{2}\dfrac{\partial u_2}{\partial x_1} \neq 0$。图 13-6 表明, YRY-4 型钻孔应变仪观测的 ε_{12} 与 CTS-1 型位移地震仪观测的 $u_{2,1} = \dfrac{\partial u_2}{\partial x_1}$ 曲线

线形态也基本相同。这说明，把 Love 面波近似看作平面波同样可行。

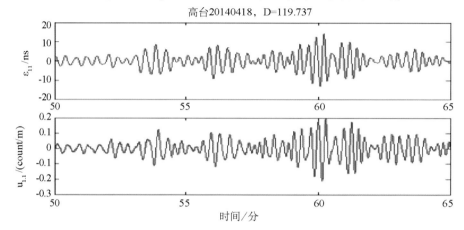

图 13 - 5　Rayleigh 波的应变观测量 ε_{11} 与位移观测量 $u_{1,1}$ 的曲线比较

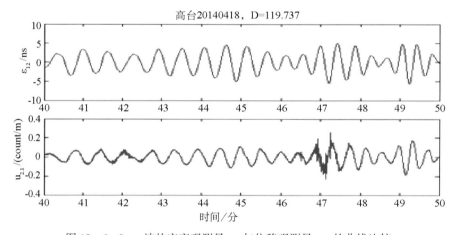

图 13 - 6　Love 波的应变观测量 ε_{12} 与位移观测量 $u_{2,1}$ 的曲线比较

对于这样两种观测的一致性，这里有几点需要说明：

（1）借助面波的这种特点，可以用传统的位移地震观测来实地标定现有的水平张量应变观测。这对于后者至关重要。

（2）根据 8.2 节的讨论，Love 面波的应变分量 ε_{12} 与旋转分量 ω_3 应该相等。由此可知，图 13 - 6 中的曲线变化也代表了旋转分量 ω_3 的曲线变化。

（3）请注意，在地理坐标系和射线坐标系（图 13 - 1）中，水平旋转的符号是相反的。因为通常是在射线坐标系中讨论旋转的，所以这里规定：水平旋转取逆时针方向为正。

（4）由式（8 - 29）可见，Love 面波传播的特点恰恰符合 $q_{21} = \dfrac{\partial u_1}{\partial u_2} = 0$，因此，我们有 $\Phi = \theta_r$。

第 14 章 三维应变观测模型*

毋庸置疑，对介质应变变化的三维观测有至关重要的意义。

至今，如何观测三维应变张量变化，仍然是尚未解决的问题。

借鉴四元件钻孔应变观测方法，这里提出一个观测三维应变张量变化的理论模型，称为 Q 模型。该模型用 9 个线应变传感器，在三维空间中对称布设，可以观测所有应变张量的变化。该模型的一个重要优点是有自检功能。

对应变的观测，是建立在对长度变化的观测基础上的。这里称观测长度变化的传感器为线应变传感器。

14.1 观测模型

一个对称应变张量有 6 个独立分量。要对整个张量进行观测，至少需要 6 个传感器。对称应变张量矩阵有 3 个正应变分量和 3 个剪应变分量。因此，最直接的考虑可以是，需要 3 个线应变传感器和 3 个剪应变传感器来进行观测。但是剪应变观测是更困难的，实际上目前没有现成好用的剪应变传感器。借鉴四元件钻孔应变观测方法，我们可以全部采用线应变传感器来观测所有线应变和剪应变。这里提出的模型需要 9 个线应变传感器。

在直角坐标系 (x, y, z) 中，将这 9 个线应变传感器布设如下：

● 在 xy 平面内布置 4 个线应变传感器，以 45°等间隔分别观测 4 个方向的线应变 S_{z1}、S_{z2}、S_{z3} 和 S_{z4}，其中 S_{z1} 和 S_{z3} 分别与 x 轴和 y 轴重合（图 14 - 1）；

● 在 yz 平面内布置 4 个线应变传感器，以 45°等间隔分别观测 4 个方向的线应变 S_{x1}、S_{x2}、S_{x3} 和 S_{x4}，其中 S_{x1} 和 S_{x3} 分别与 y 轴和 z 轴重合（图 14 - 2）；

● 在 zx 平面内布置 4 个线应变传感器，以 45°等间隔分别观测 4 个方向的线应变 S_{y1}、S_{y2}、S_{y3} 和 S_{y4}，其中 S_{y1} 和 S_{y3} 分别与 z 轴和 x 轴重合（图 14 - 3）。

一眼看上去，这里应该一共有 3×4 = 12 个传感器。但是，在这 12 个名义传感器中存在如下关系（图 14 - 4）：

$$\begin{cases} S_{x3} = S_{y1} \\ S_{y3} = S_{z1} \\ S_{z3} = S_{x1} \end{cases} \qquad (14-1)$$

---

* 专利号：201510163382.4

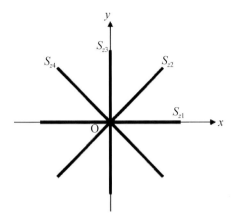

图 14-1　在 xy 平面内布置 4 个线应变传感器的方式

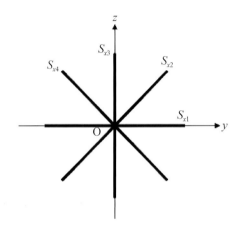

图 14-2　在 yz 平面内布置 4 个线应变传感器的方式

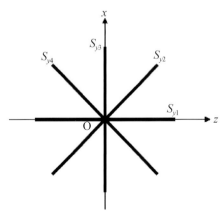

图 14-3　在 zx 平面内布置 4 个线应变传感器的方式

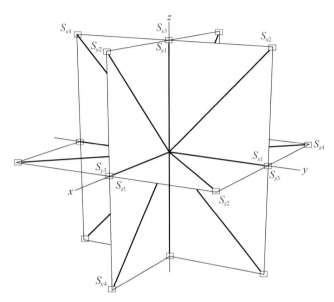

图 14 - 4　三维线应变传感器布置图

S_{y1} 和 S_{x3}、S_{z1} 和 S_{y3}、S_{x1} 和 S_{z3}，两两分别表示同一个传感器

14.2　应变的换算方法

三维应变观测 Q 模型的特点是，在任何一个坐标平面中都有 4 个传感器，构成一个四元件应变观测。整个模型包含 3 个四元件观测。

参照 10.7 节有关工程应变的讨论，综合 3 个坐标平面的观测，我们写出工程应变与线应变观测量的关系：

$$\begin{bmatrix} \alpha_x & \gamma_{x1} & \gamma_{x2} \\ \gamma_{y2} & \alpha_y & \gamma_{y1} \\ \gamma_{z1} & \gamma_{z2} & \alpha_z \end{bmatrix} = \begin{bmatrix} S_{x1}+S_{x3} & S_{x1}-S_{x3} & S_{x2}-S_{x4} \\ S_{y2}-S_{y4} & S_{y1}+S_{y3} & S_{y1}-S_{y3} \\ S_{z1}-S_{z3} & S_{z2}-S_{z4} & S_{z1}+S_{z3} \end{bmatrix} \qquad (14-2)$$

其中，α_x、α_y 和 α_z 分别为 yz、zx 和 xy 平面的面应变；γ_{x1} 和 γ_{x2}、γ_{y1} 和 γ_{y2} 以及 γ_{z1} 和 γ_{z2}，分别为 yz、zx 和 xy 平面的两个互相独立的剪应变。

在直角坐标系（x，y，z）中，一个点的工程应变张量与对称应变张量的关系为

$$
\begin{bmatrix} \alpha_x & \gamma_{x1} & \gamma_{x2} \\ \gamma_{y2} & \alpha_y & \gamma_{y1} \\ \gamma_{z1} & \gamma_{z2} & \alpha_z \end{bmatrix} = \begin{bmatrix} \varepsilon_y + \varepsilon_z & \varepsilon_y - \varepsilon_z & 2\varepsilon_{yz} \\ 2\varepsilon_{xz} & \varepsilon_z + \varepsilon_x & \varepsilon_z - \varepsilon_x \\ \varepsilon_x - \varepsilon_y & 2\varepsilon_{xy} & \varepsilon_x + \varepsilon_y \end{bmatrix} \tag{14-3}
$$

从式（14-3）直接得到

$$
\begin{cases} 2\varepsilon_{xy} = \gamma_{z2} \\ 2\varepsilon_{yz} = \gamma_{x2} \\ 2\varepsilon_{xz} = \gamma_{y2} \end{cases} \tag{14-4}
$$

以及

$$
\begin{cases} 2\varepsilon_x = (\varepsilon_x + \varepsilon_y) + (\varepsilon_x - \varepsilon_y) = \alpha_z + \gamma_{z1} \\ 2\varepsilon_y = (\varepsilon_y + \varepsilon_z) + (\varepsilon_y - \varepsilon_z) = \alpha_x + \gamma_{x1} \\ 2\varepsilon_z = (\varepsilon_z + \varepsilon_x) + (\varepsilon_z - \varepsilon_x) = \alpha_y + \gamma_{y1} \end{cases} \tag{14-5}
$$

从而得到

$$
\begin{bmatrix} \varepsilon_x & \varepsilon_{xy} & \varepsilon_{xz} \\ \varepsilon_{xy} & \varepsilon_y & \varepsilon_{yz} \\ \varepsilon_{xz} & \varepsilon_{yz} & \varepsilon_z \end{bmatrix} = \frac{1}{2} \begin{bmatrix} \alpha_z + \gamma_{z1} & \gamma_{z2} & \gamma_{y2} \\ \gamma_{z2} & \alpha_x + \gamma_{x1} & \gamma_{x2} \\ \gamma_{y2} & \gamma_{x2} & \alpha_y + \gamma_{y1} \end{bmatrix} \tag{14-6}
$$

将式（14-2）代入式（14-6），得到由观测量换算应变张量的公式为

$$
\begin{bmatrix} \varepsilon_x & \varepsilon_{xy} & \varepsilon_{xz} \\ \varepsilon_{xy} & \varepsilon_y & \varepsilon_{yz} \\ \varepsilon_{xz} & \varepsilon_{yz} & \varepsilon_z \end{bmatrix} = \begin{bmatrix} S_{z1} & \frac{1}{2}(S_{z2} - S_{z4}) & \frac{1}{2}(S_{y2} - S_{y4}) \\ \frac{1}{2}(S_{z2} - S_{z4}) & S_{x1} & \frac{1}{2}(S_{x2} - S_{x4}) \\ \frac{1}{2}(S_{y2} - S_{y4}) & \frac{1}{2}(S_{x2} - S_{x4}) & S_{y1} \end{bmatrix}
$$

$$
\tag{14-7}
$$

根据式（14-1）的等同关系，式（14-7）还可以写成

$$
\begin{bmatrix} \varepsilon_x & \varepsilon_{xy} & \varepsilon_{xz} \\ \varepsilon_{xy} & \varepsilon_y & \varepsilon_{yz} \\ \varepsilon_{xz} & \varepsilon_{yz} & \varepsilon_z \end{bmatrix} = \begin{bmatrix} S_{y3} & \frac{1}{2}(S_{z2} - S_{z4}) & \frac{1}{2}(S_{y2} - S_{y4}) \\ \frac{1}{2}(S_{z2} - S_{z4}) & S_{z3} & \frac{1}{2}(S_{x2} - S_{x4}) \\ \frac{1}{2}(S_{y2} - S_{y4}) & \frac{1}{2}(S_{x2} - S_{x4}) & S_{x3} \end{bmatrix}
$$

$$(14-8)$$

综合考虑式（14-7）和式（14-8），我们有

$$
\begin{bmatrix} \varepsilon_x & \varepsilon_{xy} & \varepsilon_{xz} \\ \varepsilon_{xy} & \varepsilon_y & \varepsilon_{yz} \\ \varepsilon_{xz} & \varepsilon_{yz} & \varepsilon_z \end{bmatrix} = \frac{1}{2} \begin{bmatrix} S_{z1} + S_{y3} & S_{z2} - S_{z4} & S_{y2} - S_{y4} \\ S_{z2} - S_{z4} & S_{x1} + S_{z3} & S_{x2} - S_{x4} \\ S_{y2} - S_{y4} & S_{x2} - S_{x4} & S_{y1} + S_{x3} \end{bmatrix} \qquad (14-9)
$$

式（14-9）即为应该在实际中使用的 Q 模型的应变换算公式。

14.3   观测自洽

三维应变观测 Q 模型的一个重要的优点是，可以对观测进行自检。我们要证明，与四元件钻孔应变观测相似，本三维应变观测模型的 9 个元件观测值之间也存在自洽关系。在 3 个坐标平面中，各有一个自洽方程。但是，对四元件钻孔应变观测的自洽方程的证明方法，在这里却不适用。

根据第 6 章的讨论，当直角坐标系（x，y，z）发生任意转动时，新坐标系中的应变张量与原坐标系中的应变张量的关系为

$$
\begin{bmatrix} \varepsilon'_x & \varepsilon'_{xy} & \varepsilon'_{xz} \\ \varepsilon'_{xy} & \varepsilon'_y & \varepsilon'_{yz} \\ \varepsilon'_{xz} & \varepsilon'_{yz} & \varepsilon'_z \end{bmatrix} = \begin{bmatrix} l_{11} & l_{21} & l_{31} \\ l_{12} & l_{22} & l_{32} \\ l_{13} & l_{23} & l_{33} \end{bmatrix} \begin{bmatrix} \varepsilon_x & \varepsilon_{xy} & \varepsilon_{xz} \\ \varepsilon_{xy} & \varepsilon_y & \varepsilon_{yz} \\ \varepsilon_{xz} & \varepsilon_{yz} & \varepsilon_z \end{bmatrix} \begin{bmatrix} l_{11} & l_{12} & l_{13} \\ l_{21} & l_{22} & l_{23} \\ l_{31} & l_{32} & l_{33} \end{bmatrix}
$$

$$(14-10)$$

其中，（l_{11}，l_{21}，l_{31}）、（l_{12}，l_{22}，l_{32}）和（l_{13}，l_{23}，l_{33}）分别是 3 个新坐标轴相对于 3 个原坐标轴的方向余弦。

以 xy 平面为例，有 S_{z1}、S_{z2}、S_{z3} 和 S_{z4} 这 4 个观测量。其中，S_{z1} 和 S_{z3} 分别在 x 轴和 y 轴方向上，而 S_{z2} 和 S_{z4} 分别在从 x 轴和 y 轴转动 45°的方向上（图 14-1）。根

据本模型的传感器布设规定，S_{z1} 和 S_{z3} 分别观测 ε_x 和 ε_y。这里的关键是把 S_{z2} 和 S_{z4} 看成 (x, y, z) 坐标系绕 z 轴转动 $45°$ 后新坐标系中的 ε'_x 和 ε'_y。需要证明的是：

$$\varepsilon_x + \varepsilon_y = \varepsilon'_x + \varepsilon'_y \tag{14-11}$$

我们将看到，三维情况与二维的有所不同。但是，对于 Q 模型，任意坐标平面内的 4 个观测量之间仍然有自洽关系。

当 (x, y, z) 坐标系绕 z 轴转动 $45°$ 时，方向余弦矩阵为

$$
\begin{bmatrix} l_{11} & l_{12} & l_{13} \\ l_{21} & l_{22} & l_{23} \\ l_{31} & l_{32} & l_{33} \end{bmatrix} =
\begin{bmatrix} \dfrac{\sqrt{2}}{2} & -\dfrac{\sqrt{2}}{2} & 0 \\ \dfrac{\sqrt{2}}{2} & \dfrac{\sqrt{2}}{2} & 0 \\ 0 & 0 & 1 \end{bmatrix}
\tag{14-12}
$$

根据式（14-10），此时我们有

$$
\begin{bmatrix} \varepsilon'_x & \varepsilon'_{xy} & \varepsilon'_{xz} \\ \varepsilon'_{xy} & \varepsilon'_y & \varepsilon'_{yz} \\ \varepsilon'_{xz} & \varepsilon'_{yz} & \varepsilon'_z \end{bmatrix} =
\begin{bmatrix} \dfrac{\sqrt{2}}{2} & \dfrac{\sqrt{2}}{2} & 0 \\ -\dfrac{\sqrt{2}}{2} & \dfrac{\sqrt{2}}{2} & 0 \\ 0 & 0 & 1 \end{bmatrix}
\begin{bmatrix} \varepsilon_x & \varepsilon_{xy} & \varepsilon_{xz} \\ \varepsilon_{xy} & \varepsilon_y & \varepsilon_{yz} \\ \varepsilon_{xz} & \varepsilon_{yz} & \varepsilon_z \end{bmatrix}
\begin{bmatrix} \dfrac{\sqrt{2}}{2} & -\dfrac{\sqrt{2}}{2} & 0 \\ \dfrac{\sqrt{2}}{2} & \dfrac{\sqrt{2}}{2} & 0 \\ 0 & 0 & 1 \end{bmatrix}
$$

$$
=
\begin{bmatrix} \dfrac{\sqrt{2}}{2}(\varepsilon_x + \varepsilon_{xy}) & \dfrac{\sqrt{2}}{2}(\varepsilon_{xy} + \varepsilon_y) & \dfrac{\sqrt{2}}{2}(\varepsilon_{xz} + \varepsilon_{yz}) \\ \dfrac{\sqrt{2}}{2}(-\varepsilon_x + \varepsilon_{xy}) & \dfrac{\sqrt{2}}{2}(-\varepsilon_{xy} + \varepsilon_y) & \dfrac{\sqrt{2}}{2}(-\varepsilon_{xz} + \varepsilon_{yz}) \\ \varepsilon_{xz} & \varepsilon_{yz} & \varepsilon_z \end{bmatrix}
\begin{bmatrix} \dfrac{\sqrt{2}}{2} & -\dfrac{\sqrt{2}}{2} & 0 \\ \dfrac{\sqrt{2}}{2} & \dfrac{\sqrt{2}}{2} & 0 \\ 0 & 0 & 1 \end{bmatrix}
$$

$$
=
\begin{bmatrix} \dfrac{1}{2}(\varepsilon_x + \varepsilon_{xy} + \varepsilon_{xy} + \varepsilon_y) & \dfrac{1}{2}(-\varepsilon_x - \varepsilon_{xy} + \varepsilon_{xy} + \varepsilon_y) & \dfrac{\sqrt{2}}{2}(\varepsilon_{xz} + \varepsilon_{yz}) \\ \dfrac{1}{2}(-\varepsilon_x + \varepsilon_{xy} - \varepsilon_{xy} + \varepsilon_y) & \dfrac{1}{2}(\varepsilon_x - \varepsilon_{xy} - \varepsilon_{xy} + \varepsilon_y) & \dfrac{\sqrt{2}}{2}(-\varepsilon_{xz} + \varepsilon_{yz}) \\ \dfrac{\sqrt{2}}{2}(\varepsilon_{xz} + \varepsilon_{yz}) & \dfrac{\sqrt{2}}{2}(-\varepsilon_{xz} + \varepsilon_{yz}) & \varepsilon_z \end{bmatrix}
$$

$$
= \begin{bmatrix} \dfrac{1}{2}(\varepsilon_x + \varepsilon_y) + \varepsilon_{xy} & \dfrac{1}{2}(-\varepsilon_x + \varepsilon_y) & \dfrac{\sqrt{2}}{2}(\varepsilon_{xz} + \varepsilon_{yz}) \\[3mm] \dfrac{1}{2}(-\varepsilon_x + \varepsilon_y) & \dfrac{1}{2}(\varepsilon_x + \varepsilon_y) - \varepsilon_{xy} & \dfrac{\sqrt{2}}{2}(-\varepsilon_{xz} + \varepsilon_{yz}) \\[3mm] \dfrac{\sqrt{2}}{2}(\varepsilon_{xz} + \varepsilon_{yz}) & \dfrac{\sqrt{2}}{2}(-\varepsilon_{xz} + \varepsilon_{yz}) & \varepsilon_z \end{bmatrix} \quad (14-13)
$$

由式（14-13）可见，$\varepsilon'_x = \dfrac{1}{2}(\varepsilon_x + \varepsilon_y) + \varepsilon_{xy}$ 和 $\varepsilon'_y = \dfrac{1}{2}(\varepsilon_x + \varepsilon_y) - \varepsilon_{xy}$。由此即可证明式（14-11）。

接下来，将 $\varepsilon_x = S_{z1}$、$\varepsilon_y = S_{z3}$、$\varepsilon'_x = S_{z2}$，以及 $\varepsilon'_y = S_{z4}$ 代入公式（14-13），即得到 $S_{z1} + S_{z3} = S_{z2} + S_{z4}$。类似地，在 yz 平面和 zx 平面中，我们还可以证明 $S_{x1} + S_{x3} = S_{x2} + S_{x4}$ 和 $S_{y1} + S_{y3} = S_{y2} + S_{y4}$。综合起来，有

$$
\begin{cases} S_{x1} + S_{x3} = S_{x2} + S_{x4} \\ S_{y1} + S_{y3} = S_{y2} + S_{y4} \\ S_{z1} + S_{z3} = S_{z2} + S_{z4} \end{cases} \quad (14-14)
$$

式（14-14）就是 Q 模型的自洽方程。

必须说明的是，式（14-13）仅当坐标系绕 z 轴转动 45°时才成立。根据式（14-10），我们可以写出

$$
\begin{aligned} \varepsilon'_x &= \varepsilon_x l_{11}^2 + \varepsilon_y l_{21}^2 + \varepsilon_z l_{31}^2 + 2\varepsilon_{xy} l_{11} l_{21} + 2\varepsilon_{yz} l_{21} l_{31} + 2\varepsilon_{xz} l_{31} l_{11} \\ \varepsilon'_y &= \varepsilon_x l_{12}^2 + \varepsilon_y l_{22}^2 + \varepsilon_z l_{32}^2 + 2\varepsilon_{xy} l_{12} l_{22} + 2\varepsilon_{yz} l_{22} l_{32} + 2\varepsilon_{xz} l_{32} l_{12} \end{aligned} \quad (14-15)
$$

因此，一般地，

$$
\begin{aligned} \varepsilon'_x + \varepsilon'_y &= \varepsilon_x(l_{11}^2 + l_{12}^2) + \varepsilon_y(l_{21}^2 + l_{22}^2) + \varepsilon_z(l_{31}^2 + l_{32}^2) \\ &\quad + 2\varepsilon_{xy}(l_{11} l_{21} + l_{12} l_{22}) + 2\varepsilon_{yz}(l_{21} l_{31} + l_{22} l_{32}) \\ &\quad + 2\varepsilon_{xz}(l_{31} l_{11} + l_{32} l_{12}) \\ &\neq \varepsilon_x + \varepsilon_y \end{aligned} \quad (14-16)
$$

这就是说，二维情形的所谓面应变，在三维坐标系转动中不是不变量。由此可见 Q 模型的巧妙之处。

　　实施这种三维应变观测可以有两种方式：一种是将传感器按 Q 模型的布置固定在与被观测物体弹性相同的材料中，然后与被观测物体耦合在一起；另一种是将传感器按 Q 模型的布置固定在一定的材料中，做成一个探头，然后再与被观测物体耦合在一起。前一种方式对于不同物体要制备相应的材料，但是换算简单。后一种方式可以安装在各种材料的物体中，但是需要进行比较复杂的换算，才能由观测量给出实际的应变变化。

　　因为应变仪的所有传感器都需要耦合在被观测物体中进行观测，无法像其他仪器那样可以直接检查其工作状态如何，所以自检功能对于应变观测特别重要。

附录　广义胡克定律的简化

非对称线弹性理论的胡克定律不是简单地从传统理论照搬过来，而是有更基本的理论依据。非对称理论与传统理论，两者的胡克定律的形式不同，物理意义也不同。

胡克定律的本质是应力和应变之间的线性关系，是线弹性力学的关键要素。它假设的这种应力和应变之间的线性关系，可以看成对小变形情况的近似描述。自 17 世纪提出以来，无数事实表明了这个定律的可靠性。

广义胡克定律有 81 个弹性常数。可以仅仅利用材料各向同性的假设，直接导出只有 3 个独立参数的弹性常数张量。在对称性假设下，可以进一步消除一个参数，形成传统理论的对称的胡克定律。

以往确定各向同性张量，通常的方法是针对特殊的坐标变换进行分析，用归纳的推理得到结论。这里提出利用方向余弦的关系，用演绎的推理确定各向同性张量的方法。

附 . 1　对称的广义胡克定律

在推导非对称理论的胡克定律之前，简要回顾一下对传统理论的胡克定律的推导是很有参考意义的。

可以说，以对称性为特征的传统线弹性理论的胡克定律，是从广义胡克定律推导得出的。在传统理论中，广义胡克定律共有独立参数 36 个，利用对称性分析可以减少到 3 个，然后再利用材料各向同性的假设，最终将独立参数减少到 2 个。

传统理论的应力和应变都是对称的二阶张量，都只有 6 个独立分量，用列向量表示，可以分别记为

$$\sigma_{ij} = \begin{bmatrix} \sigma_{11} \\ \sigma_{12} \\ \sigma_{13} \\ \sigma_{22} \\ \sigma_{23} \\ \sigma_{33} \end{bmatrix} \qquad （附-1）$$

和

$$\varepsilon_{ij} = \begin{bmatrix} \varepsilon_{11} \\ \varepsilon_{12} \\ \varepsilon_{13} \\ \varepsilon_{22} \\ \varepsilon_{23} \\ \varepsilon_{33} \end{bmatrix} \qquad\qquad (\text{附} - 2)$$

因此，传统理论的广义胡克定律可以写成式（1-8）。

对于完全各向同性，独立参数可以减少到两个（例如，Love，1927；钱伟长和叶开沅，1956；Fung，1965；Malvern，1969；Aki & Richards，1980；Stein & Wysession，2003）。在一般的教科书中，通过各向同性分析减少对称胡克定律的独立参数的过程是这样的：

第一步，考虑沿 3 个相反坐标轴方向弹性关系保持不变，将参数减少到 9 个：

$$c_{ij} = \begin{bmatrix} c_{11} & c_{12} & c_{13} & 0 & 0 & 0 \\ c_{12} & c_{22} & c_{23} & 0 & 0 & 0 \\ c_{13} & c_{23} & c_{33} & 0 & 0 & 0 \\ 0 & 0 & 0 & c_{44} & 0 & 0 \\ 0 & 0 & 0 & 0 & c_{55} & 0 \\ 0 & 0 & 0 & 0 & 0 & c_{66} \end{bmatrix} \qquad (\text{附} - 3)$$

第二步，考虑沿 3 个互相垂直的方向弹性关系保持不变，将参数减少到 3 个：

$$c_{ij} = \begin{bmatrix} c_{11} & c_{12} & c_{12} & 0 & 0 & 0 \\ c_{12} & c_{11} & c_{12} & 0 & 0 & 0 \\ c_{12} & c_{12} & c_{11} & 0 & 0 & 0 \\ 0 & 0 & 0 & c_{44} & 0 & 0 \\ 0 & 0 & 0 & 0 & c_{44} & 0 \\ 0 & 0 & 0 & 0 & 0 & c_{44} \end{bmatrix} \qquad (\text{附} - 4)$$

第三步，考虑沿两个相交成任意角度的方向弹性关系保持不变，将独立参数减少到 2 个：

$$
c_{ij} =
\begin{bmatrix}
\lambda + 2\mu & \lambda & \lambda & 0 & 0 & 0 \\
\lambda & \lambda + 2\mu & \lambda & 0 & 0 & 0 \\
\lambda & \lambda & \lambda + 2\mu & 0 & 0 & 0 \\
0 & 0 & 0 & \mu & 0 & 0 \\
0 & 0 & 0 & 0 & \mu & 0 \\
0 & 0 & 0 & 0 & 0 & \mu
\end{bmatrix}
\qquad (\text{附-5})
$$

由此可见，这种根据各向同性条件简化广义胡克定律的传统方法，是尝试特殊旋转，逐步确定一些参数为 0，以及一些参数相等，直到剩下的独立参数没有办法进一步减少，就是最终结果。这里只给出具体结论，详细的讨论是相当繁琐的（例如，钱伟长和叶开沅，1956）。

我们看到，传统理论简化广义胡克定律的过程，是事先假设应力和应变是对称的，然后再利用各向同性条件，简化得到两个独立参数（拉梅系数）。

需要指出的是，在对称性假设的基础上，直接考虑各向同性，就可以得到只有两个参数的对称胡克定律，应变势能并不是非考虑不可的（例如，Malvern，1969）。实际上，应变势能本身具有对称性。

需要说明的是，在对称胡克定律的讨论中，所用的 6×6 矩阵可以看成对 9×9 矩阵的简化。但是，经过这种简化，参数矩阵式（附-4）已经不再是完整的张量形式。也就是说，传统理论的所谓广义胡克定律不是完整的广义胡克定律。

附.2 非对称的广义胡克定律

根据非对称的应力和应变的定义，二者都是二阶张量，分别都有 9 个独立分量。仿照前一节关于对称应力和应变的讨论，三者也可以用列向量表示，即

$$
p_{ij} =
\begin{bmatrix}
p_{11} \\
p_{12} \\
p_{13} \\
p_{21} \\
p_{22} \\
p_{23} \\
p_{31} \\
p_{32} \\
p_{33}
\end{bmatrix}
\qquad (\text{附-6})
$$

和

$$q_{ij} = \begin{bmatrix} q_{11} \\ q_{12} \\ q_{13} \\ q_{21} \\ q_{22} \\ q_{23} \\ q_{31} \\ q_{32} \\ q_{33} \end{bmatrix} \qquad\qquad (\text{附} - 7)$$

广义胡克定律的完整形式为

$$p_{ij} = c_{ijmn} q_{mn} \qquad\qquad (\text{附} - 8)$$

其中，参数矩阵

$$c_{ijmn} = \begin{bmatrix} c_{1111} & c_{1112} & c_{1113} & c_{1121} & c_{1122} & c_{1123} & c_{1131} & c_{1132} & c_{1133} \\ c_{1211} & c_{1212} & c_{1213} & c_{1221} & c_{1222} & c_{1223} & c_{1231} & c_{1232} & c_{1233} \\ c_{1311} & c_{1312} & c_{1313} & c_{1321} & c_{1322} & c_{1323} & c_{1331} & c_{1332} & c_{1333} \\ c_{2111} & c_{2112} & c_{2113} & c_{2121} & c_{2122} & c_{2123} & c_{2131} & c_{2132} & c_{2133} \\ c_{2211} & c_{2212} & c_{2213} & c_{2221} & c_{2222} & c_{2223} & c_{2231} & c_{2232} & c_{2233} \\ c_{2311} & c_{2312} & c_{2313} & c_{2321} & c_{2322} & c_{2323} & c_{2331} & c_{2332} & c_{2333} \\ c_{3111} & c_{3112} & c_{3113} & c_{3121} & c_{3122} & c_{3123} & c_{3131} & c_{3132} & c_{3133} \\ c_{3211} & c_{3212} & c_{3213} & c_{3221} & c_{3222} & c_{3223} & c_{3231} & c_{3232} & c_{3233} \\ c_{3311} & c_{3312} & c_{3313} & c_{3321} & c_{3322} & c_{3323} & c_{3331} & c_{3332} & c_{3333} \end{bmatrix}$$

$$(\text{附} - 9)$$

构成一个完整的四阶张量。c_{ijmn} 含有 $9 \times 9 = 81$ 个独立参数。

　　显然，广义胡克定律式（附 - 8）有太多的参数，非常不方便使用。不考虑对称性，仅仅在各向同性的假设下，我们可以把它简化为只有 3 个独立参数的方便使用的形式。

附.3　确定各向同性张量的方法

这里明确指出，简化广义胡克定律的主要条件是材料的各向同性。当材料具有各向同性时，非 0 独立参数大大减少，弹性常数张量得到显著简化。

前一节论述的利用各向同性条件简化广义胡克定律的方法，用的是以排除为基本特征的归纳推理。除繁琐的缺点外，这种归纳推理依赖空间想象力，不方便推广应用。这里提出用演绎推理确定各向同性张量的方法。

所谓简化广义胡克定律，就是简化四阶的参数张量。把这个过程抽象出来，我们可以提出一个具有一般性的数学问题：如何找到一个各向同性的 n 阶张量？

首先，让我们把问题搞清楚：

1）n 阶张量 $c_{ij\cdots n}$ 的定义是：具有 3^n 个元素，并且当坐标系旋转时，在新坐标系中的张量

$$
\begin{aligned}
c'_{pq\cdots t} &= l_{ip} l_{jq} \cdots l_{nt} c_{ij\cdots n} \\
&= \sum_i^3 \sum_j^3 \cdots \sum_n^3 l_{ip} l_{jq} \cdots l_{nt} c_{ij\cdots n}
\end{aligned}
\tag{附-10}
$$

其中，l_{ip}、$l_{jq} \cdots l_{nt}$ 是对应各下标的方向余弦（例如，Aris，1962）。请注意下标 $pq\cdots t$ 与下标 $ij\cdots n$ 是对应的。有意义的最低阶的张量是二阶张量。根据定义，二阶张量共有 3^2 个元素，三阶张量有 3^3 个元素。以此类推。

2）所谓各向同性张量 $\bar{c}_{ij\cdots n}$，其基本特征是经过任意坐标系旋转而其形式完全不变，也就是

$$
\bar{c}'_{pq\cdots t} = \bar{c}_{ij\cdots n}
\tag{附-11}
$$

式（附-11）两边的项，可以是张量，也可以将其看成是张量元素。一个特殊的情况是，当所有元素都为 0 时，式（附-11）必然成立。但是，这不是各向同性张量，而是 0 张量。各向同性张量必须包含非 0 元素。对比式（附-10）和式（附-11），我们看到，必须"消掉"所有方向余弦，才能给出各向同性的张量。换句话说，各向同性张量是一种特殊的张量，在这种张量中，可能包含大量的 0 元素，但是必须有非 0 元素。

3）坐标系旋转是任意的，也就是方向余弦 l_{ip}，$l_{jq} \cdots l_{nt}$ 都是任意的。需要指出的是，所有方向余弦并非完全相互独立，而是存在特殊的联系。如果不存在这种联系，那么问题是无解的。确定了这种联系，就能找到解。

下面分别讨论确定二阶、三阶、四阶各向同性张量的方法。用类似的方法，

可以解决确定更高阶各向同性张量的问题。

附.3.1　二阶各向同性张量

我们用

$$c_{ij} = \begin{pmatrix} c_{11} & c_{12} & c_{13} \\ c_{21} & c_{22} & c_{23} \\ c_{31} & c_{32} & c_{33} \end{pmatrix} \tag{附-12}$$

表示二阶张量。对于坐标系旋转，二阶张量符合公式

$$\begin{aligned} c'_{pq} = l_{ip}l_{jq}c_{ij} &= \sum_{i}^{3} \sum_{j}^{3} l_{ip}l_{jq}c_{ij} \\ &= l_{1p}(l_{1q}c_{11} + l_{2q}c_{12} + l_{3q}c_{13}) \\ &\quad + l_{2p}(l_{1q}c_{21} + l_{2q}c_{22} + l_{3q}c_{23}) \\ &\quad + l_{3p}(l_{1q}c_{31} + l_{2q}c_{32} + l_{3q}c_{33}) \end{aligned} \qquad (p, \ q = 1, \ 2, \ 3) \tag{附-13}$$

二阶各向同性张量的所有元素必须满足

$$\bar{c}'_{pq} = \bar{c}_{ij} \tag{附-14}$$

我们看到，式（附-13）中所有的项都含有两个方向余弦的乘积，即都是方向余弦的二次项。各方向余弦之间有二次关系：

$$\begin{cases} l_{11}^2 + l_{21}^2 + l_{31}^2 = 1 \\ l_{12}^2 + l_{22}^2 + l_{32}^2 = 1 \\ l_{13}^2 + l_{23}^2 + l_{33}^2 = 1 \end{cases} \tag{附-15}$$

或

$$\begin{cases} l_{11}^2 + l_{12}^2 + l_{13}^2 = 1 \\ l_{21}^2 + l_{22}^2 + l_{23}^2 = 1 \\ l_{31}^2 + l_{32}^2 + l_{33}^2 = 1 \end{cases} \tag{附-16}$$

式（附-15）和式（附-16）可以改写为

$$
\begin{aligned}
\delta_{ij} l_{ip} l_{jq} &= \delta_{ij} \sum_{i=1}^{3} \sum_{j=1}^{3} l_{ip} l_{jq} \qquad (p = q = 1,\ 2,\ 3) \qquad \text{（附-17）}\\
&= l_{11} l_{11} + l_{22} l_{22} + l_{33} l_{33} = 1
\end{aligned}
$$

和

$$
\begin{aligned}
\delta_{pq} l_{ip} l_{jq} &= \delta_{pq} \sum_{i=1}^{3} \sum_{j=1}^{3} l_{ip} l_{jq} \qquad (i = j = 1,\ 2,\ 3) \qquad \text{（附-18）}\\
&= l_{11} l_{11} + l_{22} l_{22} + l_{33} l_{33} = 1
\end{aligned}
$$

所有这些方向余弦的 3 个平方和，都包括在式（附-13）中。这里需要注意的是，因为 ij 与 pq 是完全对称的，所以当 $i=j$ 时必然 $p=q$，反过来也一样。

关键是，根据式（附-15）~式（附-18），若式（附-13）中所有方向余弦平方项（共 3 个）的系数 c_{ij}（$i=j$）都等于一个常数 C，则它们的和等于 C。于是，这些方向余弦就都可以"消掉"。因此这些项的系数 $c_{ij}=C$（$i=j$）能成为各向同性张量的非 0 元素。至于所有其他项，因为不存在类似关系，所以对应的方向余弦无法"消掉"；要使式（附-14）成立，这些项都只能为 0。

我们看到，二次关系式（附-15）~（附-18）都与 $i=j$ 或 $p=q$ 相联系。

这些就是存在各向同性二阶张量的条件。根据这些条件，可得到各向同性的二阶张量表达式

$$
\begin{aligned}
\bar{c}'_{pq} &= \delta_{pq}(\delta_{ij} l_{ip} l_{jq} C)\\
&= \delta_{pq}(l_{1p} l_{1q} C + l_{2p} l_{2q} C + l_{3p} l_{3q} C) \qquad \text{（附-19）}\\
&= \delta_{pq} C
\end{aligned}
$$

即有

$$
\bar{c}_{ij} = \delta_{ij} C = \bar{c}'_{pq} = \begin{pmatrix} C & 0 & 0 \\ 0 & C & 0 \\ 0 & 0 & C \end{pmatrix} \qquad \text{（附-20）}
$$

对于坐标系旋转，该各向同性二阶张量形式不变。

附 . 3.2　三阶各向同性张量

我们用

$$c_{ijk} = \begin{pmatrix} c_{111} & c_{112} & c_{113} & c_{211} & c_{212} & c_{213} & c_{311} & c_{312} & c_{313} \\ c_{121} & c_{122} & c_{123} & c_{221} & c_{222} & c_{223} & c_{321} & c_{322} & c_{323} \\ c_{131} & c_{132} & c_{133} & c_{231} & c_{232} & c_{233} & c_{331} & c_{332} & c_{333} \end{pmatrix} \quad （附-21）$$

表示三阶张量。

对于坐标系旋转，三阶张量符合

$$c'_{pqr} = l_{ip} l_{jq} l_{kr} c_{ijk} \quad （附-22）$$

三阶各向同性张量的所有元素必须满足

$$\bar{c}'_{pqr} = \bar{c}_{ijk} \quad （附-23）$$

就像式（附-13）中所有的项都含有两个方向余弦的乘积，式（附-22）的特点是，所有的项都是方向余弦的三次项。

方向余弦之间存在的三次联系是：

$$\begin{vmatrix} l_{1p} & l_{2q} & l_{3r} \\ l_{1p} & l_{2q} & l_{3r} \\ l_{1p} & l_{2q} & l_{3r} \end{vmatrix} = l_{1p} l_{2q} l_{3r} + l_{2p} l_{3q} l_{1r} + l_{3p} l_{1q} l_{2r}$$

$$- l_{3p} l_{2q} l_{1r} - l_{2p} l_{1q} l_{3r} - l_{1p} l_{3q} l_{2r} \quad （附-24）$$

$$= 1$$

或

$$e_{ijk} l_{ip} l_{jq} l_{kr} = 1 \quad （附-25）$$

其中，e_{ijk} 为置换（排列）符号（Levi-Civita symbol），其取值规定为：ijk 顺循环等于 1；ijk 逆循环等于 -1；ijk 不循环等于 0。

显然，式（附-25）中的三次项都包含在式（附-22）中。重要的是，若式

（附-22）中所有三次项的系数，与 ijk 顺循环对应的都等于常数 C，与 ijk 逆循环对应的都等于$-C$，则这些项的代数和等于 C。那样的话，这些方向余弦就都可以"消掉"。因此这些项的系数能成为三阶各向同性张量的非 0 元素。至于所有其他项，则不存在类似关系，方向余弦无法"消掉"；要使式（附-23）成立，这些项都只能为 0。这就是存在各向同性三阶张量的条件。

需要说明的是，与式（附-25）关联，共有 6 个等式，其中 3 个对应 pqr 顺循环，另外 3 个对应 pqr 逆循环。每个等式都对应一个非 0 元素。因为 pqr 与 ijk 对称，所以 pqr 的排列也要遵循置换符号的取值规定，即 pqr 顺循环的项等于 C；pqr 逆循环的项等于$-C$；其余 pqr 不循环的项等于 0。由此可得各向同性的三阶张量

$$
\begin{aligned}
\bar{c}'_{pqr} &= e_{pqr}(e_{ijk}l_{ip}l_{jq}l_{kr}C) \\
&= e_{pqr}(l_{1p}l_{2q}l_{3r}C + l_{2p}l_{3q}l_{1r}C + l_{3p}l_{1q}l_{2r}C \\
&\quad - l_{3p}l_{2q}l_{1r}C - l_{2p}l_{1q}l_{3r}C - l_{1p}l_{3q}l_{2r}C) \\
&= e_{pqr}C
\end{aligned}
\tag{附-26}
$$

即有

$$
\bar{c}_{ijk} = \bar{c}'_{pqr} = \begin{pmatrix} 0 & 0 & 0 & 0 & 0 & -C & 0 & C & 0 \\ 0 & 0 & C & 0 & 0 & 0 & -C & 0 & 0 \\ 0 & -C & 0 & C & 0 & 0 & 0 & 0 & 0 \end{pmatrix}
\tag{附-27}
$$

对于坐标系旋转，该各向同性三阶张量形式不变。

附.3.3 四阶各向同性张量

式（附-9）已经给出四阶张量矩阵。对于坐标系旋转，四阶张量符合

$$
c'_{pqrs} = l_{ip}l_{jq}l_{mr}l_{ns}c_{ijmn}
\tag{附-28}
$$

式（附-28）的特点是，所有的项都是方向余弦的四次项。

四阶各向同性张量的所有元素必须满足

$$
c'_{pqrs} = c_{ijmn}
\tag{附-29}
$$

确定四阶各向同性张量相对复杂一些。在这些方向余弦之间，并没有现成的

四次联系的公式。然而我们可以推导出来。

首先需要指出的是，n 阶张量的一个规律是，共有 n 个下标，每一个下标都对应 3 个方向余弦。当 2 个不同下标的方向余弦相乘时，就得到一个二次项；当 3 个不同下标的方向余弦相乘时，就得到一个三次项；当 4 个不同下标的方向余弦相乘时，就得到一个四次项，以此类推。

对于四次项，关键是把式（附-28）中所有的四次项都看成两个二次项的乘积。

回顾二阶和三阶各向同性张量，都是建立在这样的等式上：等号左边是齐次的方向余弦乘积，次数等于张量的阶数；等号右边是 1。对于四阶张量，我们也要建立具有这种特点的等式。把两个类似式（附-16）的二次公式相乘，就给出这样的等式，例如，

$$\delta_{ij}l_{ip}l_{jq} \cdot \delta_{mn}l_{mr}l_{ns} = \delta_{ij}\delta_{mn}l_{ip}l_{jq}l_{mr}l_{ns} = 1 \qquad （附-30）$$

这里的复杂之处在于，四阶张量有 4 个下标：i，j，m 和 n。我们要把它们两两组合，不能重叠，共有 3 种情况。除式（附-30）外还有：

$$\delta_{im}l_{ip}l_{mr} \cdot \delta_{jn}l_{jq}l_{ns} = \delta_{im}\delta_{jn}l_{ip}l_{mr}l_{jq}l_{ns} = 1 \qquad （附-31）$$

和

$$\delta_{in}l_{ip}l_{ns} \cdot \delta_{jm}l_{jq}l_{mr} = \delta_{in}\delta_{jm}l_{ip}l_{ns}l_{jq}l_{mr} = 1 \qquad （附-32）$$

式（附-30）、式（附-31）和式（附-32）是互相独立的并列关系。这意味着各向同性的四阶张量有 3 个独立常数。

利用前面的分析方法，针对这 3 种情况，分别得到 3 个常数表达式：

$$\begin{cases} \delta_{pq}\delta_{rs}(\delta_{ij}\delta_{mn}c'_{pqrs}) = \delta_{pq}\delta_{rs}A \\ \delta_{pr}\delta_{qs}(\delta_{im}\delta_{jn}c'_{pqrs}) = \delta_{pr}\delta_{qs}B \\ \delta_{ps}\delta_{qr}(\delta_{in}\delta_{jm}c'_{pqrs}) = \delta_{ps}\delta_{qr}C \end{cases} \qquad （附-33）$$

式（附-33）中的 3 个等式，决定了四阶各向同性张量的不同非 0 元素。利用式（附-33），可得各向同性的四阶张量的元素

$$\bar{c}_{ijmn} = \delta_{ij}\delta_{mn}A + \delta_{im}\delta_{jn}B + \delta_{in}\delta_{jm}C \qquad （附-34）$$

根据式（附-34），对照式（附-9），可得四阶的各向同性张量

$$\overline{c}_{ijmn} = \begin{bmatrix} A+B+C & 0 & 0 & 0 & A & 0 & 0 & 0 & A \\ 0 & B & 0 & C & 0 & 0 & 0 & 0 & 0 \\ 0 & 0 & B & 0 & 0 & 0 & C & 0 & 0 \\ 0 & C & 0 & B & 0 & 0 & 0 & 0 & 0 \\ A & 0 & 0 & 0 & A+B+C & 0 & 0 & 0 & A \\ 0 & 0 & 0 & 0 & 0 & B & 0 & C & 0 \\ 0 & 0 & C & 0 & 0 & 0 & B & 0 & 0 \\ 0 & 0 & 0 & 0 & 0 & C & 0 & B & 0 \\ A & 0 & 0 & 0 & A & 0 & 0 & 0 & A+B+C \end{bmatrix}$$

（附-35）

应该说明的是，对于这里的四阶张量，早有人用传统的归纳法给出了相同的结果（Aris，1962）。

根据式（附-8）和式（附-35），对于各向同性线弹性介质，我们有

$$\begin{bmatrix} p_{11} \\ p_{12} \\ p_{13} \\ p_{21} \\ p_{22} \\ p_{23} \\ p_{31} \\ p_{32} \\ p_{33} \end{bmatrix} = \begin{bmatrix} D & 0 & 0 & 0 & A & 0 & 0 & 0 & A \\ 0 & B & 0 & C & 0 & 0 & 0 & 0 & 0 \\ 0 & 0 & B & 0 & 0 & 0 & C & 0 & 0 \\ 0 & C & 0 & B & 0 & 0 & 0 & 0 & 0 \\ A & 0 & 0 & 0 & D & 0 & 0 & 0 & A \\ 0 & 0 & 0 & 0 & 0 & B & 0 & C & 0 \\ 0 & 0 & C & 0 & 0 & 0 & B & 0 & 0 \\ 0 & 0 & 0 & 0 & 0 & C & 0 & B & 0 \\ A & 0 & 0 & 0 & A & 0 & 0 & 0 & D \end{bmatrix} \begin{bmatrix} q_{11} \\ q_{12} \\ q_{13} \\ q_{21} \\ q_{22} \\ q_{23} \\ q_{31} \\ q_{32} \\ q_{33} \end{bmatrix} = \begin{bmatrix} Dq_{11} + Aq_{22} + Aq_{33} \\ Bq_{12} + Cq_{21} \\ Bq_{13} + Cq_{31} \\ Bq_{21} + Cq_{12} \\ Aq_{11} + Dq_{22} + Aq_{33} \\ Bq_{23} + Cq_{32} \\ Bq_{31} + Cq_{13} \\ Bq_{32} + Cq_{23} \\ Aq_{11} + Aq_{22} + Dq_{33} \end{bmatrix}$$

（附-36）

其中，$D=A+B+C$。用二阶张量表示，就得到

$$p_{ij} = A \begin{bmatrix} q_{11} + q_{22} + q_{33} & 0 & 0 \\ 0 & q_{11} + q_{22} + q_{33} & 0 \\ 0 & 0 & q_{11} + q_{22} + q_{33} \end{bmatrix}$$

$$+ B \begin{bmatrix} q_{11} & q_{12} & q_{13} \\ q_{21} & q_{22} & q_{23} \\ q_{31} & q_{32} & q_{33} \end{bmatrix} + C \begin{bmatrix} q_{11} & q_{21} & q_{31} \\ q_{12} & q_{22} & q_{32} \\ q_{13} & q_{23} & q_{33} \end{bmatrix} \qquad （附-37）$$

$$= A\delta_{ij}q_{kk} + Bq_{ij} + Cq_{ji}$$

由式（附-37）可见，对于四阶张量的广义非对称胡克定律的参数矩阵，当材料各向同性时，其中只有 3 个独立参数。

参 考 文 献

蔡乃成，付子忠 . 2009. 旋转地震仪的研制 . 地震学报，31（3）：346－352.

陈沅俊，杨修信 . 1990. 双衬套钻孔应变测量的计算 . 华北地震科学，8（4）：80－89.

池顺良，池毅，邓涛，廖成旺，唐小林，池亮 . 2009. 从 5.12 汶川地震前后分量应变仪观测到的应变异常看建设密集应变观测网络的必要性 . 国际地震动态，1：1－13.

池顺良，刘琦，池毅，邓涛，廖成旺，阳光，张贵萍，陈洁 . 2013. 2013 年庐山 M_S7.0 地震的震前及临震应变异常 . 地震学报，35（3）：296－303.

傅承义，陈运泰，祁贵仲 . 1985. 地球物理学基础 . 北京：科学出版社 .

顾浩鼎，陈运泰 . 1997. 旋转运动、旋转矩定律及弹性介质动力学关系 . 科学，6：36－39.

郭燕平，邱泽华，李素华，闫民正，宋志英，唐磊 . 2012. 钻孔体应变高采样率观测实验 . 大地测量与地球动力学，32（1）：51－55.

骆鸣津，顾梦林，李安印，睢建设 . 1989. 用引潮力进行钻孔应变-应力的原地标定 . 地壳形变与地震，9（4）：8－62.

欧阳祖熙，李秉元，贾维九，张宗润 . 1988. 一种钻井式地应力测量系统 . 地壳构造与地壳应力文集（2）. 北京：地震出版社 .

欧阳祖熙，张宗润 . 1988. 钻孔应变仪与井壁耦合方法的研究 . 地壳构造与地壳应力文集（2）. 北京：地震出版社，1－10.

欧阳祖熙 . 1977. RDB－1 型电容式地应变计 . 全国地应力专业会议论文选编（下），336－348.

潘立宙 . 1977. 关于地应力测量的几个公式的推导及讨论 . 全国地应力专业会议论文选编（上），1－41.

钱伟长，叶开沅 . 1956. 弹性力学 . 北京：科学出版社 .

邱泽华，池顺良 . 2013. YRY－4 型钻孔应变仪观测的 P 波剪应变 . 地震，33（4）：64－70.

邱泽华，马瑾，池顺良，刘厚明 . 2007. 钻孔差应变仪观测的苏门答腊大地震激发的地球环型自由振荡 . 地球物理学报，50（3）：798－805.

邱泽华，石耀霖，欧阳祖熙 . 2005a. 四元件钻孔应变观测的实地相对标定 . 大地测量与地球动力学，25（1）：118－122.

邱泽华，石耀霖，欧阳祖熙 . 2005b. 四元件钻孔应变观测的实地绝对标定 . 地震，25（3）：26－34.

邱泽华，石耀霖 . 2004. 观测应变阶在地震应力触发研究中的应用 . 地震学报，

26（5）：481－488.

邱泽华，张宝红，池顺良，唐磊，宋茉.2010. 汶川地震前姑咱台观测的异常应
　　变变化. 中国科学，40（8）：1031－1039.

邱泽华.2010. 中国分量钻孔地应力-应变观测发展重要事件回顾. 大地测量与地
　　球动力学，30（5）：42－47.

苏恺之.1977. 地应力相对测量方法. 全国地应力专业会议论文选编（上），
　　42－61.

唐磊，邱泽华，阚宝祥.2007. 中国钻孔体应变台网观测到的地球球型振荡. 大
　　地测量与地球动力学，27（6）：36－44.

杨选辉，杨树新，张彬，张国红，刘福生，柳艳智，王勇.2011. 测震数采仪记
　　录的钻孔应变. 中国地震，27（1）：65－71.

张凌空，牛安福.2013. 分量式钻孔应变观测耦合系数的计算. 地球物理学报，
　　56（9）：3029－3037.

章名川，区明益，汪铁华.1981. 测量地应力的专用仪器——SYL－1 型数字式压
　　磁应力仪. 地应力测量的原理和应用. 北京：地质出版社，96－112.

Agnew，D C.1997. NLOADF：A program for computing ocean-tide loading. Journal of
　　Geophysical Research，102：5109-5110. doi：10. 1029/96JB03458.

Aki K，P G Richards. 1980. Quantitative seismology：Theory and methods，Vols. I and
　　II. W H Freeman & Co，San Francisco.

Aris R. 1962. Vectors，tensors and the basic equations of fluid mechanics. Prentice-
　　Hall，Englewood Cliffs，New Jersey.

Barbour A J，D C Agnew. 2012. Detection of seismic signals using seismometers and
　　strainmeters. Bulletin of the Seismological Society of America，102：2484－2490.

Beaumont C，J Berger. 1975. An analysis of tidal strain observations from the United
　　States of America，I，The homogeneous tide. Bulletin of the Seismological Society
　　of America，65：1613－1629.

Benioff H，F Press，S Smith. 1961. Excitation of the free oscillations of the Earth by
　　earthquakes. Journal of Geophysical Research，66（2）：605 － 619. doi：
　　10. 1029/JZ066i002p00605.

Berger J，C Beaumont. 1976. An analysis of tidal strain observations from the United
　　States of America，II，The inhomogeneous tide. Bulletin of the Seismological Soci-
　　ety of America，66：1821－1846.

Bullen K E. 1963. An introduction to the theory of seismology. Cambridge University
　　Press，Cambridge，3rd edition：73－74.

Chardot L，B Voight，R Foroozan，S Sacks，A Linde，R Stewart，D Hidayat，A
　　Clarke，D Elsworth，N Fournier，J C Komorowski，G Mattioli，R S J Sparks，

C Widiwijayanti. 2010. Explosion dynamics from strainmeter and microbarometer observations, Soufrière Hills Volcano, Montserrat, 2008 – 2009. Geophysical Research Letters, 37, L00E24. doi: 10. 1029/2010GL044661.

Clark G B. 1965. Deformation moduli of rocks. Proceedings of the Symposium on Testing Techniques for Rock Mechanics, Seattle, Washington. doi: 10. 1002/jgrb. 50112.

Cosserat E, F Cosserat. 1909. Théorie des Corps Déformables. Hermann, Paris.

Cowin S. 1970. Stress functions for Cosserat elasticity. International Journal of Solids and Structures. 6: 389 – 398.

Eringen A. 1966. Linear theory of micropolar elasticity. Journal of Mathematical Fluid Mechanics 15: 909 – 923.

Eringen A. 1999. Microcontinuum field theories: I. Foundation and Solids. Springer, New York.

Fung Y C. 1965. Foundation of solid mechanics. Prentice-Hall, Englewood Cliffs, New Jersey.

Frank F C. 1966. Deduction of Earth strains from survey data. Bulletin of the Seismological Society of America, 56: 35 – 42.

Gladwin M T. 1984. High-precision multi-component borehole deformation monitoring. Review of Scientific Instruments, 55: 2011 – 2016.

Gladwin M T, R Hart. 1985. Design parameters for borehole strain instrumentation. Pure and Applied Geophysics, 123: 59 – 80. doi: 10. 1007/BF00877049.

Hart R H G, M T Gladwin, R L Gwyther, D C Agnew, F K Wyatt. 1996. Tidal calibration of borehole strainmeters: Removing the effects of small-scale heterogeneity. Journal of Geophysical Research, 101: 25553 – 25571. doi: 10. 1029/96JB 02273.

Hawthorne J C, A M Rubin. 2013. Short-time scale correlation between slow slip and tremor in Cascadia. Journal of Geophysical Research: Solid Earth, 118 (3): 1316 – 1329.

Hodgkinson K, D Mencin, A Borsa, M Jackson. 2010. Plate Boundary Observatory Strain Recordings of the February 27, 2010, M8. 8 Chile Tsunami. Seismological Research Letters, 81 (3).

Howell B F. 1990. An introduction to seismological research: History and development. Cambridge University Press, Cambridge.

Ieşan D. 1981. Some applications of micropolar mechanics to earthquake problems. International Journal of Engineering Science, 19: 855 – 864.

Igel H, A Cochard, J Wassermann, U Schreiber, A Velikoseltsev, N D

Pham. 2007. Broadband observations of rotational ground motions. Geophysical Journal International, 168: 182 – 197.

Igel H, U Schreiber, A Flaws, B Schuberth, A Velikoseltsev, A Cochard. 2005. Rotational motions induced by the $M8.1$ Tokachi-oki earthquake, September 25, 2003. Geophysical Research Letters, 32: L08309. doi: 10. 1029/2004GL022336.

Ishii H. 2001. Development of new multi-component borehole instrument. Report of Tono Research Institute of Earthquake Science (in Japanese), 6: 5 – 10.

Jaeger J C, N G W Cook. 1976. Fundamentals of Rock Mechanics. Chapman & Hall, London, 2nd ed.

Jedlička, P J Buben, J Kozák. 2009. Strong motion fluid rotation seismograph. Bulletin of the Seismological Society of America, 99 (2B): 1443 – 1448.

Jizba D, A Nur. 1990. Static and dynamic moduli of tight gas sandstones and their relation to formation properties, SPWLA 31st Annual Logging Symposium.

Johnston M J S, R D Borcherdt, A T Linde, M T Gladwin. 2006. Continuous borehole strain and pore pressure in the near field of the 28 September 2004 $M6.0$ Parkfield, California, earthquake: Implications for nucleation, fault response, earthquake prediction, and tremor. Bulletin of the Seismological Society of America, 96: S56 – S72.

Lama R D, V S Vutukuri. 1978. Handbook on mechanical properties of rocks (Vol. 2). Trans Tech Publications, Clausthal, Germany.

Lee W H K, B S Huang, C A Langston, C J Lin, C C Liu, T C Shin, T L Teng, C F Wu. 2009. Review: Progress in rotational ground-motion observations from explosions and local earthquakes in Taiwan. Bulletin of the Seismological Society of America, 99 (2B): 958 – 967.

Lee W H K, H Igel, M D Trifunac. 2009. Recent advances in rotational seismology. Seismological Research Letters, 80 (3): 479 – 490.

Lee W H K, M Celebi, M I Todorovska, H Igel. 2009. Introduction to the special issue on rotational seismology and engineering applications. Bulletin of the Seismological Society of America, 99 (2B): 945 – 957.

Lin C J, C C Liu, W H K Lee. 2009. Recording rotational and translational ground motions of two TAIGER explosions in northeastern Taiwan on 4 March 2008. Bulletin of the Seismological Society of America, 99 (2B): 1236 – 1250.

Linde A T, M T Gladwin, M J S Johnston, R L Gwyther, R G Bilham. 1996. A slow earthquake sequence near San Juan Bautista, California in December 1992. Nature, 383: 65 – 69.

Love, A E H. 1927. A treatise on the mathematical theory of elasticity. Fourth edition,

Cambridge University Press, Cambridge.

Malvern L E. 1969. Introduction to the mechanics of a continuous medium. Prentice-Hall, New Jersey.

Martin III R J, R W Haupt. 1994. Static and dynamic elastic moduli in granite: The effects of strain amplitude. Proceedings of the First North American Rock Mechanics Symposium, The University of Texas at Austin.

McLeod D P, G E Stedman, T H Webb, U Schreiber. 1998. Comparison of standard and ring laser rotational seismograms. Bulletin of the Seismological Society of America, 88: 1495 – 1503.

Nigbor R L. 1994. Six-degree-of-freedom ground motion measurement. Bulletin of the Seismological Society of America, 84: 1665 – 1669.

Nigbor R L, J R Evans, C R Hutt. 2009. Laboratory and field testing of commercial rotational seismometers. Bulletin of the Seismological Society of America, 99 (2B): 1215 – 1227.

Pancha A, T H Webb, G E Stedman, D P McLeod, U Schreiber. 2000. Ring laser detection of rotations from teleseismic waves. Geophy-sical Research Letters, 27: 3553 – 3556.

Pujol J. 2009. Tutorial on rotations in the theories of finite deformation and micropolar (Cosserat) elasticity. Bulletin of the Seismological Society of America, 99 (2B): 1011 – 1027.

Qiu Z H, L Tang, B H Zhang, Y P Guo. 2013. In-situ calibration of and algorithm for strain monitoring using four-gauge borehole strainmeters (FGBS). Journal of Geophysical Research: Solid Earth, 118: 1609 – 1618. doi: 10. 1002/jgrb. 50112.

Qiu Z H, G Yang, L Tang, Y P Guo, B H Zhang. 2013. Abnormal strain changes observed by a borehole strainmeter at Guza before the M_S7. 0 Lushan earthquake. Geodesy and Geodynamics, 4 (3): 19-29.

Qiu Z H, S L Chi, Z M Wang, S Carpenter, L Tang, Y P Guo, G Yang. 2015. The strain seismograms of P- and S-Waves of a local event recorded by Four-Gauge Borehole Strainmeter. Earthquake Science, 28: 1 – 6.

Roeloffs E. 2010. Tidal calibration of Plate Boundary Observatory borehole strainmeters: Roles of vertical and shear coupling. Journal of Geophysical Research, 115: B06405. doi: 10. 1029/ 2009JB006407.

Sacks I S, Suyehiro S, Linde A T, Snoke J A. 1978. Slow earthquake and stress distribution. Nature, 275 (5681): 599 – 602.

Sakata S, H Sato. 1986. Borehole-type tiltmeter and three-component strainmeter for earthquake prediction. Journal of Physics of the Earth, 34 (Suppl.):

S129 – S140.

Savin G N. 1961. Stress concentration around holes. Pergamon Press, Boston.

Shimbo M. 1975. A geometrical formulation of asymmetric features in plasticity, Hokkaido University. Bulletin of the Faculty of Engineering, 77: 155 – 159.

Simmons G, W F Brace. 1965. Comparison between static and dynamic measurements of compressibility of rocks. Journal of Geophysical Research, 70 (22): 5649 – 5656.

Spudich P, L K Steck, M Hellweg, J B Fletcher, L M Baker. 1995. Transient stresses at Parkfield, California, produced by the M7. 4 Landers earthquake of June 28, 1992: Observations from the UPSAR dense seismograph array. Journal of Geophysical Research, 100 (B1): 675 – 690.

Spudich P, J B Fletcher. 2008. Observation and prediction of dynamic ground strains, tilts, and torsions caused by the M_w6. 0 2004 Parkfield, California, earthquake and aftershocks, derived from UPSAR array observations. Bulletin of the Seismological Society of America, 98 (4): 1898 – 1914.

Stedman G E. 1997. Ring laser tests of fundamental physics and geophysics. Reports on Progress in Physics, 60: 615 – 688.

Stein S, M Wysession. 2003. An introduction to seismology, earthquake and earth structure. Blackwell Publishing, Oxford.

Takamori A, A Araya, Y Otake, K Ishidoshiro, M Ando. 2009. Research and development status of a new rotational seismometer based on the flux pinning effect of a superconductor. Bulletin of the Seismological Society of America, 99 (2B): 1174 – 1180.

Takeo M. 1998. Ground rotational motions recorded in near-source region. Geophysical Research Letters, 25 (6): 789 – 792.

Teisseyre R. 2009. Tutorial on new development in physics of rotation motions. Bulletin of the Seismological Society of America, 99 (2B): 1028 – 1039.

Teisseyre R. 2011. Why rotation seismology: Confrontation between classic and asymmetric theories. Bulletin of the Seismological Society of America, 101 (4): 1683 – 1691.

Timoshenko S, J N Goodier. 1951. Theory of elasticity. McGraw-Hill, New York, 2nd edition.

Toupin R. 1964. Theories of elasticity with couple stress. Archive for Rational Mechanics and Analysis, 17: 85 – 112.

Truesdell C, W Noll. 1965. The non-linear field theories of mechanics. In Encyclopedia of Physics, S. Flügge (Editor). Springer, Berlin, III/3: 1 – 602.

Turcotte D L, G Schubert. 1982. Geodynamics. John Willy & Sons, New York.

Tutuncu A N, A L Podio, A R Gregory, M M Sharma. 1998. Nonlinear viscoelastic behavior of sedimentary rocks, Part I: Effect of frequency and strain amplitude. Geophysics, 63 (1): 184 – 194.

US Bureau of Reclamation. 1953. Physical properties of some typical foundation rocks. Concrete Laboratory Report, SP-39, 50.

Voight B, D Hidayat, S Sacks, A Linde, L Chardot, A Clarke, D Elsworth, R Foroozan, P Malin, G Mattioli, N McWhorter, E Shalev, R S J Sparks, C Widiwijayanti, S R Young. 2010. Unique strainmeter observations of Vulcanian explosions, Soufrière Hills Volcano, Montserrat, July 2003. Geophysical Research Letters, 37: L00E18. doi: 10. 1029/2010GL042551.

Wang K, H Dragert, H Kao, E Roeloffs. 2008. Characterizing an "uncharacteristic" ETS event in northern Cascadia. Geophysical Research Letters, 35: L15303. doi: 10. 1029/2008GL034415.

Yale D P, J A Nieto, S P Austin. 1995. The effect of cementation on the static and dynamic mechanical properties of the Rotliegendes sandstone. Proceedings of the 35th U. S. Symposium on Rock Mechanics. Balkema, Rotterdam, 169 – 175.

Zhao D P, H Kanamori, H Negishi, D Wiens. 1996. Tomography of the source area of the 1995 Kobe earthquake: Evidence for fluids at the hypocenter? Science, 274: 1891 – 1894.

Zisman W A. 1933. A comparison of the statically and dynamically determined elastic constants of rocks. Proceedings of the National Academy of Sciences, USA, 19: 680 – 686.

主要物理量符号表

A	钻孔应变观测公式的面应变耦合系数
$\vec{b}$, b_i ($i = 1$, 2, 3)	体力矢量
B	钻孔应变观测公式的剪应变耦合系数
c	平面波速度
$\vec{c}$, c_i ($i = 1$, 2, 3)	"体力矩"矢量
c_{ijmn}	广义胡克定律的弹性常数矩阵
C	任意常数
C_{95}	四元件钻孔应变观测数据信度
e_{ijk}	置换符号
E	杨氏模量
E_d	"动杨氏模量"
E_s	"静杨氏模量"
i	入射角
I	微元的转动惯量
I	单位张量
K	体积模量
K_i ($i = 1$, 2, 3, 4)	四元件钻孔应变观测元件灵敏度矫正系数
l_{ij} (i, $j = 1$, 2, 3)	方向余弦
$\vec{m}$, m_i ($i = 1$, 2, 3)	"应力偶"矢量
p_{ij} (i, $j = 1$, 2, 3)	非对称应力张量
q_{ij} (i, $j = 1$, 2, 3)	非对称应变张量
q_{ij}^{P} (i, $j = 1$, 2, 3)	P 波的应变张量
q_{ij}^{S} (i, $j = 1$, 2, 3)	S 波的应变张量
q_{ij}^{R} (i, $j = 1$, 2, 3)	Rayleigh 波的应变张量
q_{ij}^{L} (i, $j = 1$, 2, 3)	Love 波的应变张量
$\vec{r}$, r_i ($i = 1$, 2, 3)	距离矢量
R_i ($i = 1$, 2, 3, 4)	四元件钻孔应变仪直接观测读数
s_a	与面应变对应的钻孔应变观测量
$\vec{s}$, s_i ($i = 1$, 2, 3)	单位质量的微元自旋角动量矢量
s_{ij} (i, $j = 1$, 2, 3)	单位质量的微元自旋角动量张量

$\vec{s}'$, s'_i $(i=1,2,3)$	单位质量的质点自旋角动量矢量
$\left\{\begin{array}{l}s_{13}\\ s_{24}\\ s_a\end{array}\right.$	四元件钻孔应变观测的替换观测量
s_s	与最大剪应变对应的钻孔应变观测量
S	弹性体的表面积
S_{max}	最大剪应变
S_i $(i=1,2,3,4)$	四元件钻孔应变仪 4 个元件的观测值
S_θ	沿 θ 方向的钻孔直径相对变化观测值
t	时间
$\vec{t}$, t_i $(i=1,2,3)$	面力矢量
T	理论应变固体潮
T_a	理论面应变固体潮
T_s	理论最大剪应变固体潮
$\vec{u}$, u_i $(i=1,2,3)$	位移矢量
$u_{i,j}$ $(i,j=1,2,3)$	位移梯度张量
u_E	摆式地震仪的东西分量观测值
u_N	摆式地震仪的北南分量观测值
u_U	摆式地震仪的竖直分量观测值
U	弹性体的总能量改变
U_D	弹性体的形变能
U_K	弹性体的动能
U_R	弹性体的旋转能
$\vec{v}$, v_i $(i=1,2,3)$	速度矢量
V	弹性体的体积
(x_1,x_2,x_3)	直角坐标系
(x,y,z)	直角坐标系
α	P 波速度
β	S 波速度
γ_1 和 γ_2	两个互相独立的水平剪应变
δ	克罗内克符号
δ	仰角
Δ	增量
ε_1	二维最大主应变
ε_2	二维最小主应变
ε_a	面应变

ε_{ij} $(i, j = 1, 2, 3)$	对称应变张量
ε_{ij}^{D} $(i, j = 1, 2, 3)$	偏应变张量（应变偏量）
ε_{E}	东西方向的正应变
ε_{N}	北南方向的正应变
ε_{NE}	北南-东西方向的剪应变
$\vec{\eta}$, η_{i} $(i = 1, 2, 3)$	应力矩矢量
η_{ij} $(i, j = 1, 2, 3)$	应力矩张量
θ	体应变
θ	方位角
θ_{r}	地震波射线的方位角
ϑ	微元自旋的角度
λ 和 μ	两个拉梅系数
λ	偏振角
λ	特征值
μ_{1}	平行动剪切模量
μ_{2}	垂直动剪切模量
ν	泊松比
ρ	介质的密度
σ_{ij} $(i, j = 1, 2, 3)$	对称应力张量
ϕ	应变主方向
ϕ	标量势
Φ	应变率主方向
ψ	矢量势
$\vec{\omega}$, ω_{i} $(i = 1, 2, 3)$	旋转矢量
ω_{ij} $(i, j = 1, 2, 3)$	旋转张量
$\vec{\Omega}$, Ω_{i} $(i = 1, 2, 3)$	微元自旋矢量
∇	求梯度
$\nabla \cdot$	求散度
$\nabla \times$	求旋度
∇^{2}	拉普拉斯算子